所沢ダイオキシン報道

横田一　著

緑风出版

所沢ダイオキシン報道

目次

所沢ダイオキシン報道●目次

所沢ダイオキシン報道

はじめに

九九年二月一日のニュースステーションが発端となった「所沢ダイオキシン野菜騒動」は、農家の抗議・テレビ朝日の謝罪・行政の安全宣言を経て沈静化し、次第に忘れ去られようとしている。人々の記憶に残っているのは、頭を下げた久米宏氏やホウレンソウを食べた小渕恵三首相（当時）の姿くらいであろう。しかし騒動前から所沢のダイオキシン汚染を追ってきたものとして、これで一件落着にしていいとはとても思えない。

なぜか。

一つは、騒動以後も所沢周辺では産業廃棄物処理業者の焼却は続き、住宅地や農地を煙が覆う状態は解消されていないからだ。九八年十二月に住民グループは、焼却停止や原状回復などを求めて埼玉県と産廃業者を相手に公害調停（公害を受けた側と起こした側の間に国や県が入って解決策を話し合う制度）を申請し、半年後の九九年七月に第一回目の公害調停が開かれた。しかし二年以上たった今も（二〇〇〇年十二月）、調停がまとまるには至らず、「焼却炉の公害問題」は依然として未解決なのである。

二つ目は、ホウレンソウを食べた小渕首相のパフォーマンスに象徴される「安全宣言」への疑問である。ことあるごとに埼玉県や厚生省や農林水産省は「直ちに影響を与える汚染レベルとは考えられない」と宣言していったが、その根拠は不十分で独善的なものであった。たとえば騒動直後に実施された国と埼玉県のダイオキシン調査（二月にサンプル採取、三月に結果公表）は、ビニールのトンネル内のホウレンソウが採取され、しかも採った場所が情報公開されなかった。当然、気密性の高いため低い値となる可能性が高く、実際、テレビ朝日のデータの十五分の一以下だったが、行政は自らのデータこそ正しいとして安全宣言をした。当の農家でさえ「行政が〝安全宣言〟をしても、本当に安全とは思えないんだよな」とつぶやいた。「ダイオキシン汚染地帯で作られる農作物が本当に安全なのか」という疑問は依然として残るのである。

三つ目は、マスメディアのあり方についてである。

一昔前の水俣病から最近の薬害エイズ事件を振り返ればわかるように、行政の安全宣言というのはまずは疑ってかかるのが普通である。ところがマスコミの大半は、テレビ朝日批判はさかんにしたものの（これ自体が悪いと言っているわけではない）、一連の安全宣言の受け売りで事足れりで、独自調査で安全宣言を検証することはしなかった。大新聞がリスク論の専門家（横浜国立大学教授の中西準子氏が代表的存在）を〝火消し役〟として登場させ、安全宣言にお墨付きを与えることもあった。

そんなテレビ朝日叩きと安全宣言ラッシュの中で郵政省は、「農業生産者に迷惑をかけ、視聴者に混乱を生じさせる不正確な表現が行なわれた」としてテレビ朝日に厳重注意（行政指導）をした。放送から四カ月後の六月二十一日のことだ。その結果、テレビ朝日は放送法や番組基準の順守・周知に関する対策を、同省に定期的に報告することになった。これに対し日本民間放送労働組合連合会は、二日後の六月二十三日に抗議声明を出した。

「近年、繰り返される政府・自民党による放送内容への介入は、メディアの萎縮効果を狙ったもので、言論・表現の自由を封殺する危険をはらんでいる。放送局には、事の次第を情報公開するとともに、政府の圧力に屈しない毅然とした対応を求める」

しかし番組を制作したテレビ朝日の記者は、民放労連主催の「報道フォーラム99」（九九年六月二十六日）で「所沢取材禁止令が直属の上司から出ている」と発言、毅然とした対応とはほど遠い内情を語った。お寒い状況は、他のメディアも同じだった。騒動以降、マスコミは行政の安全宣言を受け売りはしたが、それを独自にチェックしようとはしなかった。立教大学教授・服部孝章氏（マスコミ法制、情報社会学）が「テレビ朝日の失敗待ち」「独自のデータで勝負しない」と批判したのはこのためだ。

結局、所沢ダイオキシン野菜騒動は、焼却炉の公害問題がテレビ朝日問題にすりかわり、行政の安全宣言をマスコミが垂れ流すことで沈静化したといえる。しかしテレビ朝日と行政の測定値のギャップは埋まらず、農作物の安全性についての議論も深まるどころか、むしろタブーとなってしまった。

そこで本書では、騒動の発端となったニュースステーションを再現、あの番組のどこまでが正しくどこが不適切だったのかをみていきながら、放り出されたままの根本的な問題について考えていきたい。

第1章　野菜騒動勃発

1　農家の直訴

九九年二月一日、ニュースステーション（「テレビ朝日」系）で「汚染地の苦悩――農産物は安全か？」という特集番組が放送された。時間は十分強。番組の主な内容は、①所沢市の家庭ゴミ用焼却施設から高濃度のダイオキシンが排出されていたことが発覚、②ＪＡ所沢市（農協）が所沢産野菜の測定をすることになったが、測定結果の公表はしなかったため、住民や農家に不安が広がった、③フランスのリール市では、高濃度のダイオキシンで汚染された焼却炉周辺の牛乳が出荷停止になり、農家には経済的補償、焼却炉は操業停止になったと紹介、④スタジオで久米氏がテレビ朝日独自の調査結果を公表、というものだった。

ところがその調査結果が「所沢産野菜のダイオキシン濃度は、一グラム当たり約〇・六四から三・八ピコグラム（一グラム当たりのダイオキシン重量。一ピコグラムは一兆分の一グラム）で突出して高い」という衝撃的なものだったことから、翌日からホウレンソウなどの価格が暴落、生産農家に大きな経済的打撃を与えた。また最高値の三・八ピコグラムのサンプルが野菜ではなく、お茶であったことが判明、テレビ朝日は集中砲火を浴びることになった。

●ダイオキシン問題の本質

しかし最近の報道番組の中で、この日のニュースステーションほど、本質からずれて批判されたものはないだろう。ダイオキシン汚染の元凶である「ゴミ焼却炉」に目が向かず、紹介された汚染データも行政の安全宣言で軽んじられ、表現の一部に不適切さを認めたテレビ朝日と久米宏キャスターらが徹底的に叩かれていった。久米氏が謝罪すると、テレ朝バッシングはさらにエスカレート。「捏造」「誤報」「杜撰」と言い切る記事が出回り始めたかと思うと、三月十一日、ついにテレビ朝日の社長と報道局長が参考人として国会に招致されるまでに至った。

《少し待って欲しい》。

誤報ということは、番組で紹介されたお茶の三・八ピコグラム、ホウレンソウの約〇・七ピコグラムのデータも誤りで、ひいては所沢のダイオキシン汚染は大したことはないということなのか。あれだけ焼却施設が集中している所沢が安全なら、日本国中のダイオキシン汚染はほとんど問題なしとなってしまうではないか。誤報だとして番組を全否定することは、逆に非現実的な結論に到達してしまうのである。こんな農家の声に耳を傾けてみよう。

「所沢周辺に五九もの焼却場が集中したら、いずれ大問題になることは子供でもわかりますよ。県はこのことを何も感じないのですか。農家の生存権、生活権が侵されているのです。超法規的な規制でもいいから、すべての産廃をストップして下さい」（九九年二月八日の県庁でのやりとりより）。

これが常識的な捉え方であろう。しかし意外に思う人が多いかも知れない。テレビ朝日に怒る農家の声はよく聞いた覚えがあるが、行政批判の声はあまり伝わってこなかった、と。実は、ここに仕掛けがあった。当時のテレビ朝日バッシングの多くは、偏って農家の声を拾い上げ、「野菜暴落を招いたテレビ朝日　対　怒る農家」という構図を強調していたのだ。当の農家でさえこう語ったものである。

「私たちが県庁に行った時もテレビ朝日に行ったときも『問題の本質は焼却炉にある』ということを言っているのですよ。それが、いつの間にかテレビ朝日問題にすり替えられた。問題の本質をもう一回、見ていただきたいと思います」

●行政の対応の遅れ

放送から一週間後の二月八日、野菜暴落に見舞われた農家の人たちが埼玉県庁に乗り込んだ。まずホウレンソウを持参した農家有志七名が土屋義彦知事と直談判。ずらりと並んだテレビカメラを前にした土屋知事が「農村なくして県の発展はなかった。私はホウレンソウが好きだ。食べているよ。農家の方々を大切に思っている」などと両手を大きく広げるポーズで語りかける。そ

農家の直訴（2月8日）

んなパフォーマンス知事と向き合った農家の代表者七名は、「安全な農産物をつくっているのは、農業者の誇りであり使命です。産廃施設と農家は共存できません」と言って六項目の要望書を差し出した。

埼玉県知事　土屋義彦様

〝所沢周辺の野菜に対するダイオキシン被害について〟の緊急の要望

所沢農業者有志一同
代表　大河原　豊

二月一日、テレビ朝日「ニュースステーション」の特集〝ダイオキシン汚染と野菜〟で所沢市が取り上げられ放映されたことをきっかけとして、所沢産野菜のみならず埼玉県産野菜に対してキャンセルが相次ぎ、多くの農家が壊滅的な被害を受けるという異常な事態が発生しています。

私たちは、これまで所沢周辺に密集する焼却施設に対する対策を求めて、四年間〝埼玉県と所沢市〟に対して要望を繰り返してきました。ところが事態は全く改善されず、焼却炉の操業は続き野焼きさえもなくならない、という状況です。実態調査についても、これまで行われてきたのはダイオキシン汚染の人体及び大気・土壌への一般的な調査です。汚染源を特定し、汚染に対する対策をたてるための本格的な調査は、いまだに実施されていません。何もかも曖昧にしたまま抜本的対策を立てることなく、その場しのぎの対応を繰り返してきたのではないか?との懸念を抱かざるをえません。その事が、被害を深刻化させ、農産物に対する不安を広げてしまった大きな要因となっているのではないでしょうか。

業者の適正処理責任はもちろん問われるべきですが、適正処理の監督指導が行えない程、多くの焼却施設の操業を許可し、焼却施設の密集による汚染を放置してきた埼玉県の責任は大きいと言わざるを得ません。

農産物に対する決定的な風評被害がついに出てしまったこと、そして所沢市及び埼玉県の農産物が壊滅の危機に瀕している事実を直視し、一刻も早く抜本的な対策を採られること、そして被害を受けた農家に対して救済の手を尽くすことこそが埼玉県の責務であると信じます。

欧州では、焼却炉による食品のダイオキシン汚染が明らかになったとき、当該地域の政府が採った対策は、緊急の焼却炉停止と、原状回復措置、その間の被害補償、というものでした。

私たちは、都市近郊の発展的な農業を今後も続けるために、以下のことを緊急に要望いたします。

一、発生源と思われる所沢周辺全ての焼却施設の操業停止
一、焼却炉を使用した廃棄物処理業者の新規や更新の許可及び焼却施設の設置許可を今後所沢周辺には、一切出さないこと
一、有害物質発生が懸念される感染性廃棄物（医療系廃棄物）の焼却の許可を早急に取り消すこと
一、早急に農産物被害額を算定し、その被害補償をすること
一、実態を明らかにするための調査及び早急な原状回復措置を行うこと
一、今後、農家との話し合いにより、改善策の実現に向けて援助・協力を実施すること

以上につきまして、どのような対応をされるのかを、二月一二日までに所沢農業者有志一同全員に回答して下さい。そして、この事態への対策を延ばせば延ばすほど〝被害は大きくなってしまう〟という点に是非ご留意下さい。

手にした要望書を凝視する知事。数十秒間ほどの沈黙の後、「直ちに検討させていただきたい」と言って農家に視線を向けた知事は、再び雄弁に語り始めた。

「私は十九年前に環境庁長官をして、公害防止、快適な町づくりに全力投球しましたよ。だから『(県のキャッチフレーズは)環境優先、生活重視』だと。ダイオキシン問題は大事だと思っていたから、全国知事会で取り上げ、小泉純一郎厚生大臣にも会って、だから(小泉大臣は)所沢に来たんだ」

自慢話に農家の一人がストップをかけた。

「だから今日で(知事に会うのは)四回目なんだけど、今度、会う時は『知事、所沢は良くなったから、遊びに来てよ』といいたいよ。だけど――」

こんな声が出るのは無理もない。

すでに一年以上前の九七年の時点で、ダイオキシン汚染に不安を感じる農家(約五〇〇軒)は署名簿を土屋知事に手渡し、これを受けて知事は小泉純一郎厚生大臣(当時)と現地視察をしていた(九七年八月)。しかも住民たちから「煙突は一本も減っていません」と直訴をされた知事は、急に激怒し「オレに任せておけ。やるんだったらやる」と大見得を切っていた。

ところが当の土屋知事は、八八〇億円のW杯用県立サッカー場建設などのハコモノやイベントには熱心でも(W杯決勝戦誘致に向けて共催国の韓国の歌を練習するほどだった)、サッカー場建設費を産廃施設買い取り費用に回す、といった即効的な措置すら打ち出さなかった。知事の無策に対

図1　掘兼を中心としたくぬぎ山周辺の採取地点（サンプリングポイント）

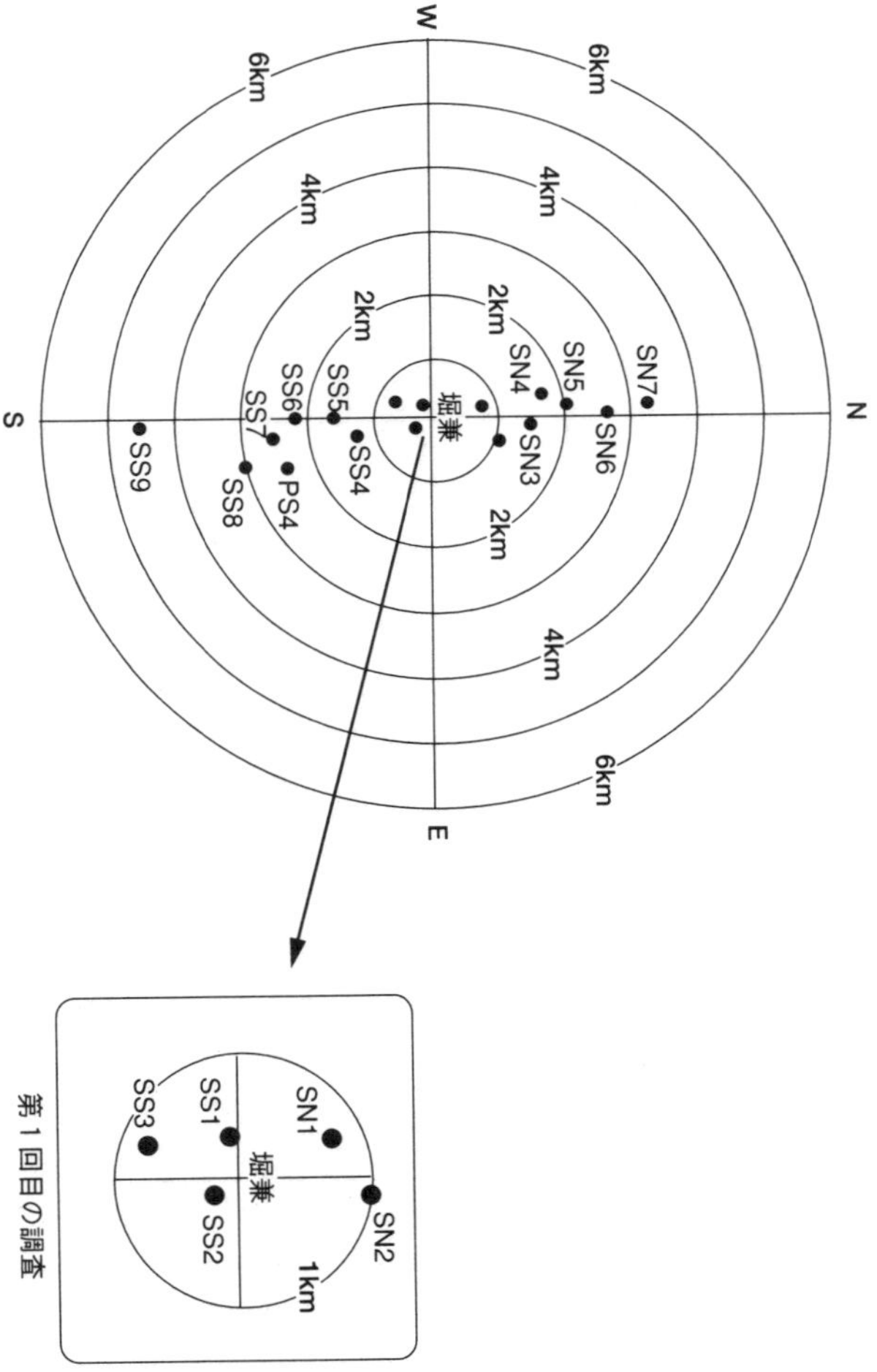

し住民グループは、ゴミ流入規制や焼却炉の新設禁止などを要望する一方、空撮ビデオ「ごみ焼却炉の煙に覆われる埼玉県南西部」を作成したり、焼却の現場写真を掲載したホームページ「くぬぎ山（所沢市北部の産廃施設密集地）は夜燃える」を開設するなどして、実情を訴え続けた。

しかし翌年の九八年になっても事態はあまり改善されず、それどころか別の焼却炉が稼働を始める動きさえ出てきた。また摂南大学宮田秀明教授の調査により、くぬぎ山周辺の土壌がダイオキシンに汚染されていることも明らかになった（図1、図2）。しびれを切らした住民グループは、九八年十二月、埼玉県と産廃業者を相手どった公害調停申請に踏み切り、汚染の実態解明や原状回復などを求めた。経過をまとめてみよう。

97年春　所沢の農家が土屋知事に署名簿を提出
97年8月　土屋知事と小泉厚生大臣がくぬぎ山（産廃施設の密集地区）を現地視察
98年12月　住民が公害調停申請
99年2月　テレビ朝日の報道

要するに知事の現地視察から今回の騒動まで約一年半あったのに、埼玉県は抜本的な対策を打たないまま、問題の先送りをしてきたといえるのだ。

再び県庁に戻る。知事との直談判の後、遅れて駆けつけた農家の人たちが〝先行部隊〟と合流

図２　ダイオキシンによるくぬぎ山周辺地域の土壌汚染実態

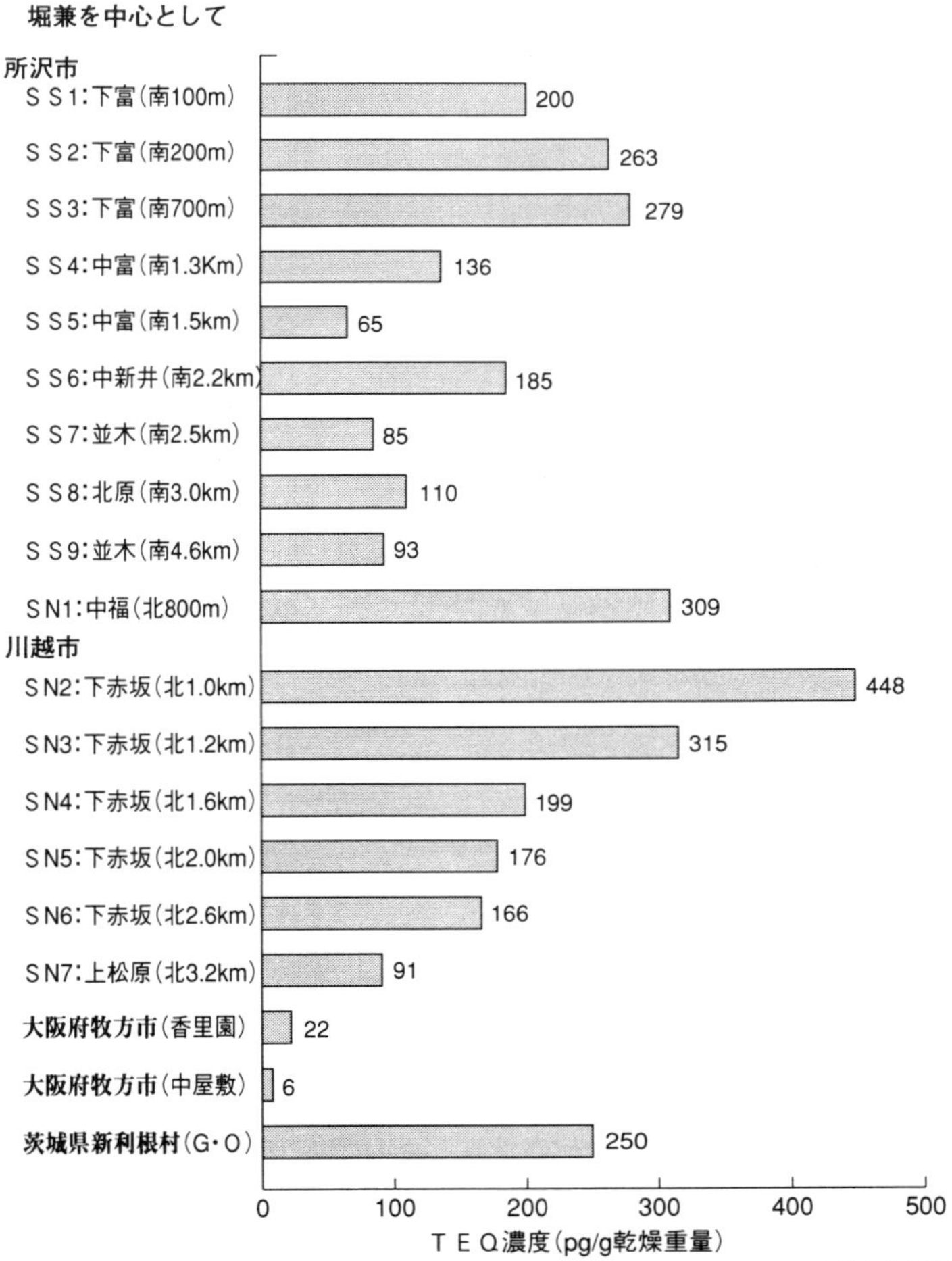

注）ＴＥＱは、毒性等価量。すなわち化学構造の異なるダイオキシンの毒性を数値化したもの

出所：「所沢を中心としたダイオキシン類汚染とその考察」（摂南大学・宮田秀明教授）

資料作成（図１、２とも）：「止めよう！ダイオキシン汚染」さいたま実行委員会

し、副知事や農林部長や環境部長らとの話し合いに臨んだ（約七〇名が参加）。そこでは、番組への怒りも噴出したが、行政の対応遅れへの批判も出た。

「調査、調査、指導、指導。ずっとそれですよ。今回も同じでしょ。『直ちに健康に被害が出るとは思えないが、これからも精神誠意、調査に励みたい』。そんな答えが出るのはわかっています」

「一部の報道が過激であったために、このようになってしまったのです。その根本は、焼却炉が煙を出して未だに操業を続けていることが原因なんですけれども、環境部や知事さんに全力を上げて停止していただきたい。誇りを持って作っている野菜がスーパーの店頭からなくなったり、あたかも毒が入っているかのように報道されたり、本当に腹が煮えくり返っているのです。ダイオキシンの問題は、昨日、今日、始まった問題ではないですよ。日本中の野菜が食べられなくなったらどうしますか」

「あのニュースを見たら、所沢のホウレンソウを食べたら、明日は死んでしまうと思いますよ。所沢の住民だから、あの近辺のことは知っています。確かにひどいです。施設が集中しているところは止めるべきです。日本中でああいう場所はいっぱいあると思うんです」

話し合いは一時間半に及んだ。「このままでは生活していけない」、「農家に死ねというようなものだ」といった切実な訴えが続く。もちろんテレビ朝日への批判も出たが、半分以上は、行政の対応遅れへの怒りの声であった。最後に農家の代表者がこうまとめた。

「今回の騒動で、消費者が安全な野菜を求めているということがつくづくわかりました。もう安全宣言でどうにかなる問題ではありません。発生源の焼却炉をすぐに止める。これが私たちの意見です」

●農家は最後まで残るしかない

話し合いの後、面識のあった農家のAさんに声をかけた。すると「この日が来てしまった」とつぶやいた。危機感を募らせ、ダイオキシン削減を求めてきた努力が報われなかった無念さがにじみ出ていた。Aさんを含む若手を中心とした農家の人たちは、住民グループに加わり、公害調停（公害を受けた側と起こした側の間に国や県が入って解決策を話し合う制度）の申請人を募る活動を続けていた。その矢先の出来事だったからだ。

産廃施設が集中する「くぬぎ山」の近くに住む、Aさんを訪ねた時のことを思い出した。野菜騒動の一年ほど前の九八年三月、玄関脇の部屋で話を聞いていると、Aさんは玄関のガラス戸を指さしてこう言ったものだった。

「玄関の方を見て下さい。今日も強い春の北風が吹き、ガラス戸越しに土ぼこりが舞い上がっているのが見えるでしょう。その風上には産廃焼却施設が密集しています。この一帯の畑は煙や灰の影響を受けてしまうのです。

私の家は、三百年にわたって農業を続けています。江戸時代、ススキが生い茂る原野に入植したご先祖様は、北風から畑を守るために林をつくり、落ち葉を肥料に土づくりに励んできたのです。農家はここを出ていくわけにはいかない。最後まで残るしかないのです。私たちは土と共にしか生きていけません」。

土屋知事は「農村なくして埼玉県の発展はなかった。農家の方々を大切に思っている」という。だが、その埼玉県の農業地域に産廃施設が集中してしまった。知事の戯言と重い現実の見事なまでのギャップ。

Aさんの奥さんは「食べ物を調理する台所の隣に、ホコリが出る作業場を造ったようなものです」と怒り、所沢の現地視察をしたポール・コネット博士（アメリカのセント・ローレンス大学教授で廃棄物問題の専門家）も、畑の隣に焼却施設があるのを見て「クレイジー」と発し、「有害物質を出す焼却施設が農地の隣にあるのは欧米ではまず考えられません」と驚いた。

それでは、なぜ農地と焼却場が同居するというミスマッチが起きてしまったのか。それには、いくつかの理由があげられている。

まず日本最大のゴミ排出地「東京都」からの交通アクセスに恵まれていたことがある。所沢市の東側には関越自動車道が走っており、起点の「練馬インター」から約十分で「所沢インター」に着いてしまう。所沢周辺には、短時間でゴミを運び込める地理的なメリットがあったのである。

次に、埼玉県のゴミ流入規制も甘かった。埼玉県のゴミ流入量は、千葉県と神奈川県に比べてもダントツに多い（図3）。埼玉県には最近までゴミ流入の事前協議制がなく、簡単にいえばゴ

図3　首都圏から流入する年間産廃量

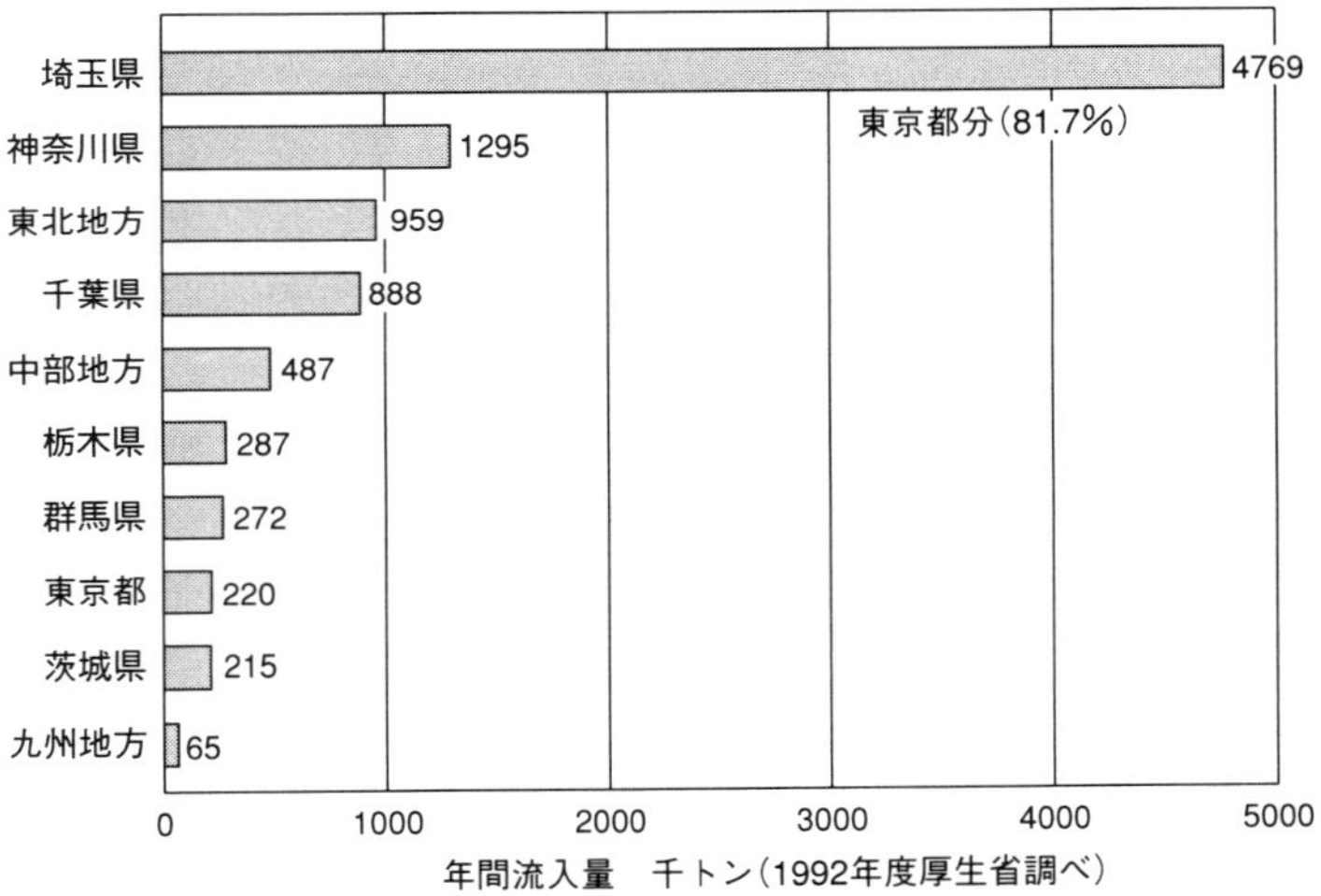

資料作成:図１-１、１-２とも「止めよう！ダイオキシン汚染」さいたま実

図4　くぬぎ山～所沢インター周辺の一日当たり産廃焼却能力推移

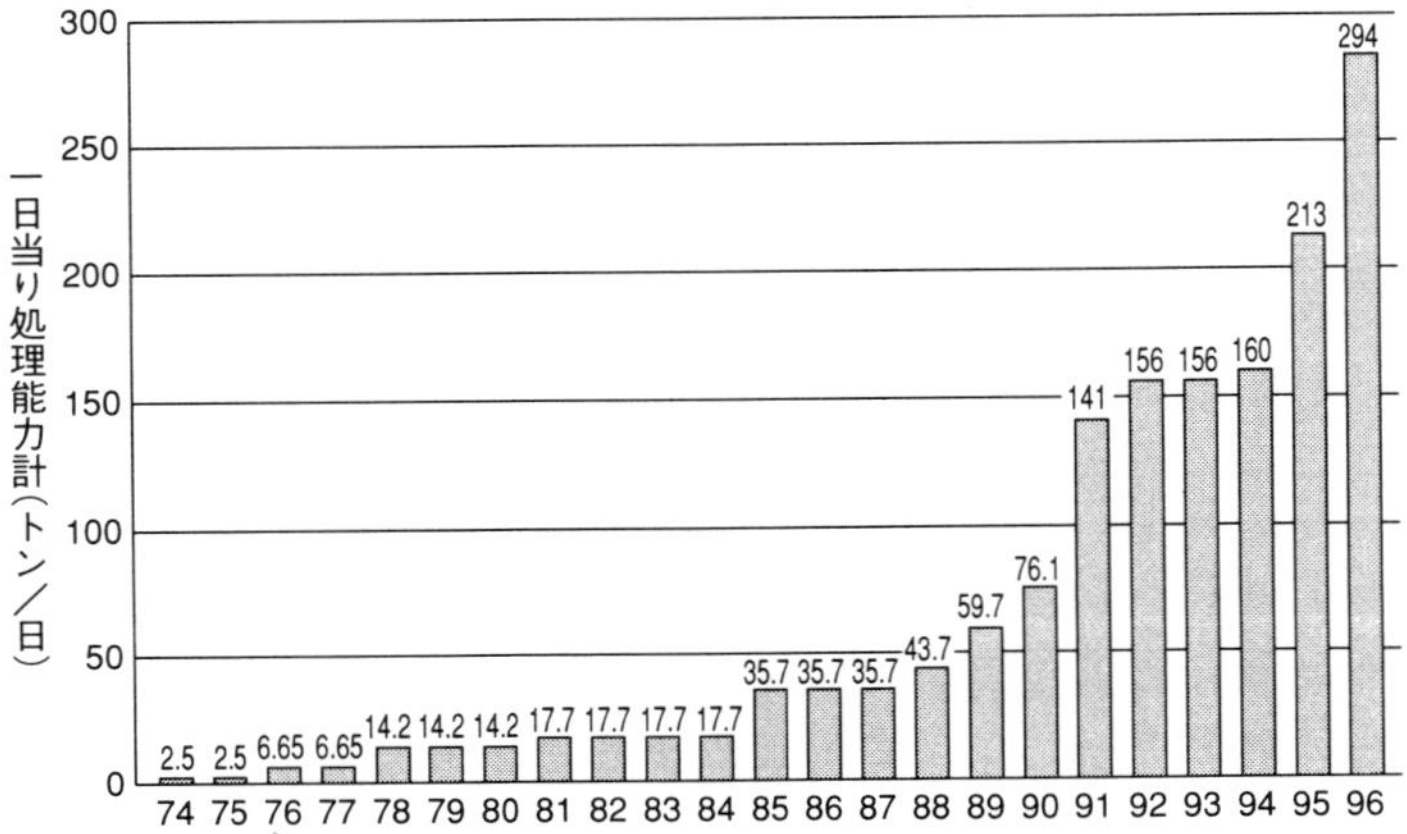

(届け出分のみ)データ:埼玉県環境

ミが入ってきやすかった。これは、元・環境庁長官の土屋知事の怠慢としか言いようがないだろう。

三番目は、相続税。表1にあるように地価高騰で農家に億単位の相続税がかかるようになり、その支払いのために林を切り売りせざるをえなかった。農地には相続税の軽減措置があるが、雑木林にはないため、真っ先に売却対象になってしまったというわけだ。こうして産廃業者に売られた雑木林のところに、焼却施設が林立していったのである。

農家の心境は複雑だ。焼却炉から出る煙で農産物が汚染される被害者であると同時に、産廃施設集中のきっかけを自らつくった加害者的な要素もある。しかし「私も産廃業者に売った一人です」と申し訳なさそうに打ち明けたAさんをみていると、農家は過酷な相続税の犠牲者という側面が強いとしか思えない。

いくつかの要因が重なり合った結果、埼玉県のゴミ焼却量はここ十年間で約十倍に急増、所沢周辺は東京のゴミ焼却場と化した（図4）。もし所沢が人里離れた原野なら、大問題にはならなかっただろう。しかしここが伝統ある農業地帯であったため、野菜騒動を招くことになってしまった。

それでは、こうした事態を食い止める手段はなかったのか。そんなことはない。農家を含む住民グループは、他県からのゴミ流入規制、新規の焼却施設の立地規制、不法焼却の取り締まり強化などを求めていた。この日の県庁での話し合いで、こんな不満の声が出たのはこのためだ。

「ゴミの流入規制、事前協議制を埼玉県は導入すべきではないか。他の県では導入されているのに、なぜ埼玉県にはないのか。前から言ってきているのに一向に実現しない」

ところがこうした農家の訴えに対し、県の幹部は「今の法律の範囲内でしか対処できない。法律には限界がある」といった答弁に終始した。農家の怒りは最高潮に達した。

「県は『産廃業者に法律以上の規制はできない』と言いますが、だったら法を改正すればいい。悪徳な業者には取り締まりですよ。それが早急な対策なんです。県は『法は守らないといけない』といいますが、だったら農家は守らなくてもいいのですか」

たしかに今の法律では、ダイオキシン測定が義務づけられているが、数日の測定日だけはあまり燃やさず、それ以外の三百六十日はどんどん燃やしても違反にはならない。ドイツのように「抜き打ち調査で基準オーバーなら即操業停止」といった罰則規定を設けない限り、効果があがるとは考えにくいのだ。こうしたザル法に国も県も事足りて実効的な規制づくりをしてこなかったことも、今回の騒動を招いた大きな原因に違いない。

しかし事態が改善される前に、野菜暴落という恐れていた事態が起きてしまった。昼すぎ、埼玉県庁を後にした農家の人たちは、その足

表1　相続税の事例（所沢周辺地域）

1	1991年 1月	2.7	3000
2	1992年11月	5.5	8000
3	1993年12月	2.2	3100
4	1996年 6月	1.1	5300
5	1996年 9月	1.9	2500
6	1996年11月	2.2	1900

で「テレビ朝日本社」（東京都港区）へと向かった。この抗議行動が繰り返し放送あるいは記事で引用され、「テレビ朝日対農家」という対立の図式づくりに一役買うことになった。しかしその心情を農家のAさんはこう語った。

「テレビ朝日叩きが目的ではなく、とにかく農家の気持ちや置かれた状況を聞いて欲しかったのです」

2　叩かれた番組

●安全宣言と久米氏の謝罪

農家の思いとは裏腹に、焼却炉周辺の公害問題はテレビ朝日問題にスリ替わった。ワイドショーが連日のように最高値の三・八ピコグラムは何だと追っかけ、日本テレビや一部の週刊誌などがテレビ朝日批判を強めていく中、国や埼玉県は安全宣言を連発していった。

まず放送から八日後の二月九日、「野菜には安全基準がないので、数字の独り歩きを恐れた」として情報公開を拒んできたJA所沢市が、野菜のデータを公表した（テレビ朝日の値よりもかなり低かった）。これを受けて埼玉県農林水産部長が「安全宣言に近い」と語ると、厚生省も「公表された数値は厚生省の数値と大きな違いがない」、農林水産省も「特段の問題があるとは思えない」と続いた。

同日のニュースステーションには環境総合研究所の青山貞一所長が再び招かれ、久米氏が「今日はホウレンソウの話をしたい」と切り出した。すると青山氏は三・八ピコグラムのサンプルはホウレンソウではないこと、ホウレンソウや大根の葉といった「葉もの野菜」は低い値で〇・六四ピコグラム、高い値で〇・七五ピコグラムであると補足説明した。

続いて環境総合研究所は、この日のコメントを正式にまとめる形で「自主研究報告書」を埼玉県に提出。そこには、三・八ピコグラムのサンプルがホウレンソウではなくお茶だと書かれていた。すぐに県は「ホウレンソウは安全なレベル。お茶から溶け出すダイオキシン量も微量、安全と考えられる」と宣言、所沢周辺の狭山茶販売店には「お茶は安心な飲み物です！〝埼玉県がお茶の安全宣言〟(二月十八日)」と題した文書がＦＡＸで届いた。

さらに小渕恵三首相や中川昭一農水大臣も恒例のパフォーマンスを演じ、安全宣言に一役買った。所沢産のホウレンソウにパクつき、それがテレビや新聞によって全国に伝えられたのである。

次々と出されていく安全宣言と足並みをそろえるように、テレビ朝日バッシングは激しさを増した。「ダイオキシン汚染報道　久米宏よ、なぜ謝罪しない！」(週刊文春二月二十五日号)、「とんでもないことをやってくれた『久米宏』」(週刊新潮二月二十五日号)といった見出しが踊る中、久米氏は頭を下げて謝罪した。

《番組再現　九九年二月十八日　ニュースステーション》

久米氏　「(二月一日の番組再現をした後)この日の放送で、環境総合研究所が調査した中間報告の結果を所沢における野菜のダイオキシン濃度として、〇・六四から三・八〇ピコグラムという数値を出しました。これは市民の不安が高まる中、このまま放置しておけば、大きな問題になると考え、警鐘を鳴らす意味で敢えて数値を出しました。しかしこの数値が個別にどの種類の農作物を示すかなど詳しい説明はしませんでした。詳しく述べることができなかった理由は、自主的に調査した環境総合研究所がサンプル提供者に対する配慮から公表を控えて、私たちもそれを尊重したためです。

しかし詳しい説明が不足していたため、すべてがホウレンソウであるような受け取られ方をしてしまいました。実際にはホウレンソウだけではなくて、お茶も含まれていて図表（七一頁のフリップ参照）の見出しについては、『野菜』ではなく、このように『葉っぱもの』とか『農作物』とすべきでした。結果として、ホウレンソウの生産農家の方に大変なご迷惑をおかけしてしまって、これに関しては私、心からお詫びを申し上げます。申し訳ございませんでした」

この時、久米氏は深々と頭を下げた。そしてこう続けた。

「ただ私の考えも多少、理解していただきたいのですが、この二月一日の特集というのは、ＪＡ所沢市に是非持っているデータを公表して下さい、とお願いする特集でした。それでその時、私は、環境総合研究所という民間の研究団体が中間報告とはいえ、数値を持っているということを知っておりました。で、ＪＡ所沢市には数値を公表しろといいながら、自分がある機関が数値を持っているのを知っていながら、それを公表しないということは私にはどうしてもできませんでした。スタッフの中で数値を公表すべきだと最も声高に主張したのは私でした」

この後、番組は、ダイオキシンにこだわってきた理由についても説明した。ベトナム戦争の枯れ葉剤作戦やイタリアのセベソの農薬工場の爆発事故（ダイオキシンが周囲に飛散した）などを紹介しながら、ダイオキシンは最強の毒物であり、日本の対策は先進各国に比べ大きく遅れていると訴えていったのである。

ニューステーションの補足説明は続いた。テレビ朝日のコメンテーターが登場し、ダイオキシンの毒性についてさらに詳しく語った。

「実は私たちはほとんど毎日のようにダイオキシンを体の中に取り込んでいます。大部分は食べ物から取っているわけですけれども、ダイオキシンには急性毒性があるのですが、今回、話題になった農作物の中に含まれるような量では、すぐに死ぬようなことはもちろんありません」

先に紹介した県庁での話し合いでは、農家から「一〇グラムから四〇グラムで『アウト』とフリップに出た。所沢のホウレンソウを食べたら、明日にでも死ぬかのような報道をされた」という声が出た。フリップにあった「アウト」という言い方が死を連想させるというわけだが、こうした誤解を招いたことから、テレビ朝日は急性毒性ではなく長期的な影響が問題だと補足説明したといえる。テレビ朝日のコメンテーターはこう続けた。

「で問題はむしろ、ダイオキシンが内分泌攪乱物質、これは環境ホルモンと呼ばれておりますけれども、環境ホルモンとして非常に強い作用を持っていることが最近明らかになってきたわけですね。動物実験なのですけれども、妊娠中のネズミにごくわずかなダイオキシンを与えただけで、生まれてきた雄の精子の数が減ったり、性行動が異常になったりすることが報告されています。で、行政側は食物の中に含まれているダイオキシンの量は、いま直ちに私たちの健康に影響を与えるものではないというふうにいっているわけなのですけれども、次の世代のことを考えますと、本当に安全なのかどうか、これはまだ疑問だと思います」

証文の出し遅れ、という印象が否めなかった。本来であれば、農産物のデータを紹介するときにこうした話をするべきであった。

三・八ピコグラムの農産物がホウレンソウであるかのように伝え、それを摂取した時の影響を「アウト」と書いて、明日にでも影響が出るかのような印象を与えたのは、ニューステーションのミスであった。こうした不適切な部分について、久米氏が頭を下げて謝罪し、コメンテーターが補足説明をしたのは当然といえる。

しかしこの程度のことでは、テレビ朝日叩きは収まらなかった。自民党はここぞとばかりに番組批判を繰り返し、放送から約一カ月後の三月十一日、テレビ朝日の社長と報道局長が国会に参考人招致されることになった。海外のメディアに詳しい立教大学教授の門奈直樹氏（所沢市在住）は、こう語った。

「もしイギリスで同じような事件が起きたら、国会で取り上げられることはあっても、報道関係者が招致されることはなかったでしょう。イギリスには『放送基準協議会』という機関があり、政府が任命した委員が独立した形で番組を審査するからです。しかし日本には、こうした第三者的な機関がないので、国会の逓信委員会が代行するのは仕方がない面があります。

ただイギリスのテレビ局は、番組に関して問題が出た時に『（放送用の）ガイドライン』を盾に権力側と闘います。そのガイドラインの中には、データを出す時には客観性を示す必要があるなどと書かれています。

またアメリカでは調査報道は、義憤（憤り）のジャーナリズムと呼ばれています。テレ朝は、憤りをバネに闘うべきでしょう。通称『浦所（うらとこ）街道』（浦和市と所沢市を結ぶ道）を通ると、産廃施設から出る煙が立ちこめています。地元住民として、テレビ朝日がこの問題を取り上げたことには敬意を表したい。だがテレビ朝日は、やるなら徹底して闘って欲しい。『ミスはしたが、問題の本質は焼却炉であり、原因は行政の対応遅れにある』という具合にです」

●国会参考人招致

当日、舞台となった逓信委員会では、各党の国会議員が番組への疑問や批判を次々に口にした。中でも元ＮＨＫ解説委員の自民党の浅野勝人代議士（愛知一四区）は「やらせと紙一重」とテレビ朝日を追及した。

浅野委員「画面に登場した女性がホウレンソウを振りかざして、『はっきり言って私の家族は所沢のホウレンソウを食べていません』と言っております。（テレ朝が）この人に言わせたかどうかが疑わしい、そこが問題だと実は思っているんです。やらせと紙一重だからです」

早河洋参考人（テレビ朝日報道局長）「私どもがいわゆる捏造、やらせをしたというようなことは全くございません」

驚いたのは、番組でホウレンソウを手にした主婦の中村勢津子さん（所沢市在住）である。何しろ浅野代議士からの問い合わせは全くなく、一方的に国会で取り上げられたことを後で知ったからである。そして怒り心頭に発していた。

「自民党の議員って変ですよ。ホウレンソウを持った女性が騒いでいるのをテレビで見れば、『野菜は危ないかも知れない。煙を止めるべきだ』と思うのが普通なのに、番組批判ばかりしている。自民党は農家を守る気があるのですか」

しかも「やらせ」というのは尋常な話ではない。「やらせ」（捏造や虚報ともいわれる）とは、一定の効果を狙って真実や事実とは違ったものを作り伝えることであるが、過去、大きな社会問題になった事件はいくつもある。

例えばＮＨＫスペシャル「奥ヒマラヤ　禁断の王国・ムスタン」（一九九二年）では、スタッフがかかってもいない高山病の演技をするなどのやらせ場面が多々あり（九二年二月三日の朝日新聞が一面トップでスクープ)、世間の批判を浴びたNHKは謝罪に至った。またテレビ朝日系「素敵にドキュメント」も、日本人女性が外国人男性に声をかける場面を放送したが(九二年七月)、後で金で雇った女性によるやらせであることが発覚し、番組は中止となった。

中村さんは、こうした「やらせと紙一重」と疑われたのだから、当然、反論する権利があるはずだ。中村さんに聞いてみた。

「ホウレンソウを手にした映像は、去年十一月八日に所沢で行なわれた『ダイオキシン汚染をなくそう　若者と市民のパレード』の時のものです。あの頃(九八年の秋)は、JA所沢市が野菜の測定データを公表していませんでしたし、それに『某テレビ局が白菜を測って四ピコグラム(一ピコグラムは一兆分の一グラム)が出た』という話も広がっていました。それで焼却場近くの野菜の危険性を訴えたいと思い、でも口で言うだけでは十分に伝わらないと考えて、ホウレンソウを手にしたのです」

経過をざっとたどってみよう。

(1)　JA所沢市の測定判明

事の始まりは、九七年九月である。この時、所沢市の家庭ゴミ用焼却施設「西部清掃事業所」でデータ隠しが発覚し、すぐに開かれた市民説明会で市長ら幹部が謝罪。その時に所沢市は、JA所沢市が野菜のダイオキシン測定をしていることも明らかにした。

ところが測定データは公表されない。住民グループはJA所沢市に公表を求めたが反応はでもない。高い値だから公表しないのではないか、という疑心暗鬼が広がっていったのは言うまでもない。

(2)　某テレビ局の白菜測定話

そこに、どこかのテレビ局が白菜を測って高い値が出たという話が追い打ちをかけた（九八年秋）。いくつかの住民グループに聞いてみると、少なくとも一〇人以上の人たちがこのことを知っていた。ある所沢市民は話の出所を教えてくれた。

「去年（九八年）の六月頃、摂南大学の宮田秀明先生から『テレビ局が持ち込んだ白菜を測ったら一グラムあたり四ピコグラム（湿重量）が出た』と聞いたのです。しばらくは黙っていましたが、所沢の農家の子供が『うちはおじいちゃんが一生懸命、野菜をつくっているから、私はいっぱい食べています』と作文に書いたのを読み、私は困っちゃったけれども隠しているのは犯罪的という気がしてきて、秋頃になって周りの人に打ち明けたのです。テレビ朝日の記者にも『白菜で高い値が出たのですって』と言ったら、『ええ？　僕は知りませんよ』と驚いたので、別の局だとわかりました」

摂南大学の宮田教授にも確認してみると、九八年三月頃にテレビ局が「所沢で買った」と言って持ち込んだ白菜を確かに測定したのだという。（一問一答は次の通り）。

――テレビ局の依頼で白菜を測られたという話を聞いたのですが、その値は公表しないのですか。

「結局は、ある程度、全体の像をつかまないとわかりませんので。だから、まとまってということになります。たまたま（ある値が）出ても、もう一つ測れば（ダイオキシン）濃度が違うということもありますから。ある程度、きっちりしたことにしないと」

——それは、追加で調査をされて、時期を見て発表されるのですか。

「いやいや。（焼却場が集中していない）一般的な地域でも、白菜のダイオキシン濃度がいくつになるのか、ということもありますので」

——白菜の測定値がかなり高かったとも聞いたのですが、高かったのがたまたまだったのか。その周辺でも何点か測定すべきではないのですか。

「そうですね。やはり何点かとって、確実な線でものを言わないと」

——追加調査の必要性は感じられているわけですね。

「後は、むこうでやりますから」

——テレビ局の方で。

「いやいや。そうではなくて埼玉県でやると思いますので」

——特にそのテレビ局からの追加の話はないわけですか。

「それはないです」

(3)　パレードで野菜持参

テレビ局の測定話が住民グループの間に広まり、野菜の安全性への疑問がさらに強まった。

そんな中、所沢市内で「若者と市民のパレード」（九八年十一月八日）が開かれ、中村さんがホウレンソウを持参した。一方、水面下ではテレビ局同士が野菜の測定競争を繰り広げ、翌九九年の二月一日、遅れを取ったテレビ朝日が逆に先んじる形で特集番組を放映した。

経過を振り返ったところで、問題視される「やらせ」がどんなものかを明確にしておくことにしよう。野菜騒動の取材中、埼玉県記者クラブの会見場でこんなやりとりがあった。県茶業組合の幹部がダイオキシン汚染に関する見解を読み上げた後、こんな声が飛んだ。

テレビ局のカメラマン「すみません。テープがからまっていたので、もう一度、最初から読んで下さい」

茶業組合の幹部「わかりました」（再び用意した文書を朗読）。

この時、テレビ局のカメラマンは文書の朗読を「やらせ」たのは間違いない。しかし、これを問題視する人はまずいないだろう。実際、同席していた埼玉県記者クラブの記者も何ら批判しなかった。もちろん広い意味での「やらせ」（番組制作で用いられる演出・再現・編集など）に当たるという見方はあるが、問題になる「やらせ」は、野菜を安全と思っている人に「危ないと言って下さい」と頼んだり、あるいは逆に危ないと思っている人に「安全宣言をして下さい」と働きかけ、本人の意向とは違うことを話させた場合であろう。

「こんなことがありました」と住民グループのEさんは、記者とのやりとりを教えてくれた。野菜騒動後、テレビ局の記者から電話がかかって「所沢のホウレンソウは安全なんだから、住民団体も安全宣言を出しなさいよ」と迫ってきたというのだ。Eさんは《私たちと考え方がずいぶん違う》と思ったが、かなり強い調子だったので適当に相槌を打ちながら聞き流したが、もしこの提案通りに住民グループが安全宣言をしてテレビ局が放送していたら、これは問題になる「やらせ」である。実際には住民が思っていないことを伝えたことになるからだ。つまり本意を伝えたのか否かが、重要な判定ポイントなのである。

これに従うと、中村さんがホウレンソウを手にして訴えた場面は「やらせ」に該当するとはいいがたい。中村さんは、「焼却炉近くの野菜は危ない」という考えだからである。

「埼玉県は、地元の米や地場野菜を給食に使うよう推奨していますし、離乳食はホウレンソウをすりつぶすなど野菜から入ります。特に赤ちゃんや子供にとっては、焼却炉の近くで採れた野菜は危ないと思っています」

●お茶の生産農家の思い

国会参考人招致から十日ほどたった三月二十三日、番組制作の背景に関する記者会見があった。

荻野氏の記者会見

所沢市で農業を営む荻野茂喜氏がお茶のダイオキシン測定の結果を公表、あわせて高濃度のダイオキシンを排出した所沢市西部清掃事業所の操業差し止めを求める仮処分を申請したのだ。

荻野氏は、この西部清掃事業所の南側約一キロのところにある畑（一・八ヘクタール）で、無農薬有機農法でお茶を生産し消費者に直に送っていたが、ダイオキシン汚染を心配する消費者から「荻野さんのお茶はもう結構です」といわれることが相次ぎ、売上げはピーク時の半分近くにまで落ち込んだ。また荻野氏自身も、《お茶が汚染されているかも知れない》という不安を打ち消せず、ずっと居心地の悪い日々が続いていた。そこで消費者にお茶の汚染度を情報公開するのは不可欠と考え、お茶の測定をすることを決断した。測定依頼先は「環境総合研究所」（分析はカナダの「マクサム社」）。実は、ニューステーションが紹介した

「三・八ピコグラム」は、荻野さんのお茶の測定値だったのである。

所沢市役所内の記者クラブで荻野氏は、経過を静かな口調で語っていく。隣には、仮処分申請を担当することになった保田行雄弁護士（HIV事件訴訟団事務局次長を務めた）が座り、その後ろには、所沢の住民グループの人たちが二〇名ほどかけつけていた。説明が一段落したところで、記者からこんな質問が飛んだ。

――周りには農家が何軒もいますが、荻野さん一人が仮処分に踏み切られたのはなぜですか。

荻野氏「まだ大量に農薬を使って農業をしている時に父親が亡くなり、私自身も三十五歳前後に病気をたくさんして、これからは無農薬農業だと思って、農薬を使わない方向に切り換えていきました。自分のスタイルにこだわっていくうちに、周りの農家と距離が広がっていった。ほとんどの農家は自分でつくったものを市場に出して自分では売らず、いわば責任の所在がないところで農業をやっていました。ところが私は、生産したお茶を直接、固定した消費者に売っていた。顔の見える関係で農業をしてきたのです。

西部清掃事業所（高濃度のダイオキシンが排出されていた）が問題となった時も、この周辺地区で私一人しか動いていなかった。それで『お前こそ豚を飼って臭いで周りに迷惑をかけているのに、ダイオキシンのことを言えた柄か』といった中傷も受けました」

――この仮処分申請を出されて、余計に地域から浮き上がってしまうのではないのですか。

荻野氏「おそらく（浮き上がることは）あるでしょう、非常に厳しいと思います。それでも私は人間を信じたい。多くの農家は、経済的な損害を恐れてダイオキシン汚染を口にはしていませんが、おそらく心の中では居心地の悪さを感じているのではないか。私も、居心地の悪さから、（お茶のダイオキシン）測定を決断し仮処分にも踏み切る形になったわけです。自分がいくら無農薬のものを作ったりしても、（お茶が汚染されているかも知れないと）消費者から疑われてしまう状況を何とかしたかったのです」

後ろで聞いていた住民グループの一人、小谷栄子氏（「きれいな空気を取り戻す会」）が一区切りついたところで、「荻野さんは農家の良心を体言しているので、住民団体としても応援したいと思います」と話し始めた。すでに会見場には、そんな思いをまとめた文書が配布されていた。

「私たち所沢市民は荻野さんを応援します　安全な農産物を提供しなければという農家の良心から生まれた、この勇気ある行動に、私たち所沢市民は共感し、できる限りの応援をするつもりです。（中略）二月に報道された野菜等のダイオキシン汚染問題で起こった騒動は、ダイオキシン問題の本質から目をそらさせる動きだと感じた市民は少なくありません。ダイオキシンの発生源を止めることに向かわないで、特定のマスコミに対する批判を盛り上げ、根拠のない中途半端な安全宣言で終止符を打とうという動きに市民の怒りの声も多く聞かれます。今回の荻野さんの訴訟が（ニュースステーションと）同じような騒動になることを私たちはいちばん懸念しています。安全なお茶を生産したいという一心で行動を起こした荻野さんに、理解と応援を切にお願い致します」

最後に荻野氏は、補償制度の不備を指摘した。

「汚染にうすうす気がつきながら農家が声をあげられないのは、農産物の補償制度がないからです。早急に補償制度をつくって欲しいと思います」

「ずさん」「誤報」「やらせと紙一重」などと集中砲火を浴びた二月一日のニュースステーションではあったが、そこには「安全な農産物を生産し消費者に届けたい。汚染された作物を出荷停止にするのに必要な『補償制度』を導入して欲しい」という農家の思いが込められていたのだ。番組の後半で、フランスのリール市の事件（高濃度のダイオキシンで汚染された牛乳を出荷停止にし、農家に経済的補償をする一方、焼却炉の停止を断行した）を紹介したのは、そんな農家の訴えを後押ししたいと思ったためだろう。テレビ朝日の制作者が最も強調したかったのは、「所沢市もフランス・リール市を見習うべきだ」ということではないか。


ところが、自民党も中川昭一農水大臣もテレビ朝日批判には熱心だったが、農家の望んだ「農産物の補償制度づくり」には冷淡だった。野菜騒動後の九九年七月に成立した「ダイオキシン特別措置法案」に補償制度を盛り込むことに自民党は抵抗、結局、見送られることになった。この法案により、焼却炉から出る排ガス中の規制値をより低くし、ダイオキシン汚染地区の土壌の入れ替えも税金で可能になったが、農家が望み、欧州では整備済みの補償制度は実現しなかったのである。民主党参議院議員の福山哲郎氏はこう振り返る。

「ニュースステーションは法案成立にはプラスでしたが、食品の基準づくりにはマイナスでした。自民党農水族が非常に神経質になり、『測定値の信頼性がわからないし、風評被害を招く』といった声が出るなど抵抗が強く、見送りとなりました。ただし付則第二条3に『ダイオキシン類に係る健康被害の状況及び食品への蓄積状況を勘案して、その対策については、科学的知見に基づき検討が加えられ、その結果に基づき、必要な措置が講ぜられるものとする』とあり、補償制度導入の足掛かりは入れることはできました」

所沢住民や農家からは、中川農水大臣に対して批判の声があがった。

「中川大臣の選挙区は北海道十一区（帯広市、十勝支庁など）なのだから、ニューステーションで紹介されたフランスのリール市での牛乳の出荷停止場面を見れば、地元北海道の牛乳は大丈夫なのかと思いを巡らせ、ダイオキシン汚染による農産物の補償制度づくりに尽力してもおかしくない」

このままでは、汚染された農産物が市場に出回りかねず、消費者の信頼回復はむずかしい。「安全な農作物を生産し消費者に届けたい」という農家の思いに、政府自民党はまともに答えているとはいいがたいのだ。

●全国各地の農家の声

今回の野菜騒動は、焼却炉が近くある地域のどこでも起こりうる問題だ。そのため全国各地の農家の関心は高く、農業生産者全体が抱える死活問題として捉えられたようだった。

野菜騒動から約一カ月後の九九年三月八日、有機野菜の宅配団体主催で「脱ケミカルパニック」と銘打った集会が開かれ、全国各地の農家や消費者や市民団体などが参加した。農家代表として壇上に立った「全国産直産地リーダー協議会」代表幹事の伊藤幸吉氏は、こんな文書を読み上げた。

「野菜のダイオキシン汚染報道とその後の異常事態について――土とともに生きる農業者から国民のみなさまへ
(前略)付近のゴミ焼却場からダイオキシンが降り注いでいたとしても、農業者はその土地から逃げ出すことはできません。農業者にとってダイオキシン汚染は、基本的な生活権の蹂躙を意味しています。土づくりに励み、自然を育て、国民の命の糧である食べものを生産してきた農業者が、自分自身は直接の原因者ではないダイオキシン汚染のために、健康を脅かされ、生産した農産物が売れなくなり、その土地で農業者として生きる道が断たれてしまうかもしれない。なんという不条理でしょうか。農業者は土を育むことはできますが、営農と生活の場を選び直すことはできないのです。(中略)

ダイオキシン汚染の原因となるゴミは主として都市地域で生み出され、ゴミ焼却施設は農村地域に立地するというのが一般的な現実なのです。私たちの地域においても、ダイオキシンの高濃度汚染の恐れから免れきれないということになります。所沢市の事態は私たちにとって他人事ではありません。ダイオキシン汚染への恐怖感からパニック的対応に陥るばかりでは事態は改善されません。国民のみなさまには、上に述べたような事態もよくご理解いただき、問題解決への冷静な対処をお願いしたいと思います。

土とともに生きる私たち農業者は、国民のみなさんと手を携えて事態解決のためにあらゆる努力をしていきたいと考えております。そのための緊急対策として次のことを提案いたします。ぜひご検討ください。

「脱ケミカルパニック」の集会

一、国および地方自治体はダイオキシン汚染の実態についての緊急調査を実施し、その内容と科学的評価を公表すること。

二、高濃度のダイオキシン汚染が認められるゴミ焼却施設等については即時操業停止措置をとること。

三、高濃度ダイオキシン汚

染に係わる被害（健康、農産物、環境等）については、国および地方自治体は緊急の補償措置を講ずること。

四、汚染除去のための緊急方策を講じ、また抜本対策を確立すること。

五、ダイオキシン汚染の原因をつくり、汚染拡大の事態を放置してきたメーカー、製品販売業者、ゴミ処理業者、国および地方自治体等の責任を明確にすること。

六、農業者も含む国民一人一人が取り組むべき課題と方法を具体的に明確にすること」

この緊急対策は、所沢の農家の要望書と同様、「調査と農産物への補償と発生源対策」を求めていた。文書を読み上げた代表幹事の伊藤幸吉氏も山形県の農家で、「焼却施設は各地の農業地帯にありますので、農産物へのダイオキシン汚染が心配です。ただ農家は経済的に打撃を受ける弱い立場にあるので、汚染についてなかなか口にはできません。農産物の補償制度づくりは急いで欲しいと思います」と語った。

また集会前のアンケート調査では、各地の生産者や消費者からこんな声が寄せられた。

(1) 群馬県の農家「所沢でのダイオキシン問題がマスコミで報道された時、深い憤りを感じさせられました。私達は日々、土を愛し財産としてより良い土造りに命をかけて農業に取り組んでおります。その土が合法的に汚染され続ける事は許されません。またこの様な環境破壊を許さず、人々や動植物の未来の為に最優先で行政は取り組むべきである」。

(2)　秋田県の農家「私達が住む能代山本地区にも、民間の処理施設が稼働していました。それが昨年十一月にストップしました。原因は地元住民の公害に対する施設改善の要望で費用がかさみ、倒産したのです。県が代行し、その後始末をしてくれてます。煙突からの煙はなくなり、今はすっきりしたもの。行政がしっかりしてれば公害はなくなる」。

(3)　和歌山県の農家「南紀熊野の山村にも七年程前より産廃処分場の計画が次々と持ち上がり、地域をあげて反対運動をしてまいりました。運動をする中で廃掃法が欠陥法であることを知ると同時に、今の社会構造、即ち産業優先や利便性の追求等の意識を変えずしてゴミ問題の解決はないと確信しています。私達は身の回りの問題を地域や行政に呼びかけ、ゴミに対する認識と如何にしたら少なく出来るかを運動しております」。

(4)　香川県の農家「一年半前、香川県の豊島の産業廃棄物放棄現場を視察してまいりました。遠くから見ると普通の山に見えた物が近くに行くとゴミの山と分かり唖然とした事を思い出しました。又、そのゴミの山の上に立った時の足の感覚を今でも覚えています。島民の方のお話を伺い、国への怒り・県への怒り・業者への怒りを聞きました。豊島では、ハマチの養殖が盛んだったそうです。視察に行った時は、県の調査結果ではハマチの出荷許可が出ていたそうですが、しかし島の人々は『ここのハマチを売るつもりはない。大丈夫という保証はない。(県の結果を信用していない) 私達は今、被害者だが、ここのハマチを売って加害者になりたくない』。自分のことより他人を思う島の人々の言葉が今でも心に深く刻まれています。豊島の漁業関係、今回、マスコミ等で問題視されている所沢の農業関係の人々には、何ら罪はないのです。ゴミを捨てる業者・ゴミを預ける業者・ゴミを処理する業者、それらの業者を野放しにしてきた国・各都道府県に問題があるのではないでしょうか。豊島・所沢の様に被害を受けた人たちをどうにか助けてあげたい」。

全国各地の農家の声は、所沢の生産者の思いとかなり重なりあっていた。農業生産の場から逃れられない宿命、土がダイオキシンなどの有害化学物質で汚染される苦しみ、安全な農産物を消費者に届けたい職業意識、そして行政への期待と怒りなどである。

一方、ニュースステーションが諸悪の根源と批判する声はほとんどなかった。「野菜騒動の本質はテレビ朝日問題ではなく焼却炉問題」というのもほぼ共通した見方のようだった。

第2章

激論「テレビ朝日 対 日本テレビ」

1　テレビ朝日の記者の番組回想

放送から四カ月後の九九年六月二十六日、民放連主催の「報道フォーラム'99」が開かれた。その内容は、野菜騒動の発端となった番組についてテレビ朝日の記者自身が報告することに加え、批判する側となった日本テレビの記者も同席するというもの。このフォーラムに参加すると、予想通り、当事者の生々しい回想と歯に衣着せぬ激論を聞くことができた。

ハイライトは、後半のパネルディスカションだった。番組を制作したテレビ朝日の記者T氏と日本テレビの記者O氏を含む四人のパネリストと、司会役の立教大学社会学部教授の服部孝章氏がステージに並んだ。まず各パネリストが短い報告をすることになり、しばらくしてテレビ朝日の記者T氏の番となった。

テレビ朝日記者「これからお配りするのは、今日、みなさまが聞きたいと思っている二月一日のニューステーションの放送の内容をまとめたものです。見てる方もいるかと思うのですが、何しろ視聴率が一四%位だったので、一〇〇人のうち八六人はみていないことになりますので」

会場内に資料が手渡しにされていき、パラパラという音が響く。B5のペーパーが行き渡ったところでT氏は、騒動の発端となった番組の内容について語り始めた。

●回想1　所沢の汚染状況

テレビ朝日記者「まず番組では予算委員会のやりとりを取り上げました。その前に、久米の方から所沢の状況、ドイツでは農産物の生産規制が行われるほどの土壌汚染であることは五年前に分かっていたのに、農産物の生産は続いている。これに関して予算委員会で農水大臣が早急に調査したいという答弁がありまして、それから本編のビデオに入りました」

――番組再現（九九年二月一日の「ニュースステーション」より）――

久米氏（スタジオ）「今夜の特集をお伝えします。所沢市の土壌がドイツでは農産物の生産規制が行われるほど、ダイオキシンに汚染されていることが判明したのは、実に四年前のことです。しかしその後も農産物の生産は、所沢では続いています。このことに関して、先週、国会の予算委員会でこういうやりとりがありました」

《1　農水大臣「県と相談して、早急に調査したい」》

大野百合子議員（映像　国会の委員会室）「所沢の野菜の実態を明らかにしていない。それで市民の間では、よほど高い数値が出ているのではないかというような非常な不安がいま広がっております。所沢だとか、こういう特定の地域、非常にダイオキシン汚染が心配している特定の地域に関しては、その気になれば、二〜三ヶ月で調査できるのです」

中川農水大臣「消費者、あるいは生産者のみなさま、非常に困っているということでございますので、私といたしましては県とよく相談をして、そういう問題の解明、また対策をとっていきたいと考えております」

大野議員「いつなさるかだけ、もう一回。所沢の野菜の検査はいつ」

中川大臣「ですから早急に県と相談して、県と相談して早急にやっていきたい」

（スタジオに戻る）

久米氏「ご覧いただいたように農水大臣は『所沢の野菜はこれから調べたい』と答弁しました。よろしいですね。さっき申し上げたのは、所沢の土壌がドイツでは農作物の生産規制が行われるほどダイオキシンに汚染されていることが判明したのは、四年前のことだとお伝えしました。四年前にこれは分かっていたのです。なのに農水大臣は、所沢の野菜はこれから調べたいと答弁しているわけです。ひどい、信じられないような答弁です。実に遅い日本は対応をしています。このあまりに遅い対応が、市民、そして所沢の農家を苦しめています」

（ここから本編のビデオ）

タイトル「汚染地の苦悩——農産物は安全か？」

《2「安全な野菜を食べたい！　情報を隠すな！」市民パレード（九八年十一月八日）》

所沢在住の主婦（ホウレンソウを手にマイクを持つ）「みなさんは、所沢の野菜を召し上がっていらっしゃいますか。はっきり申し上げまして、私の家族は食べておりません」

「安全な野菜を食べたい」（パレードでのデモの声）

「安全な野菜を食べたい」（パレードでのデモの声）

安田敏男市議会議員「過日、所沢市の農協、ＪＡ所沢市がダイオキシン調査をしました。しかし、それを公表しないのであります」

「情報を隠すな」（パレードでのデモの声）

「情報を隠すな」（パレードでのデモの声）

《3　農作物に焼却灰が降りかかる農家の不安》

ナレーション「焼却炉に囲まれている畑。所沢の野菜ははたして安全なのだろうか。所沢市の農業は埼玉県の中でも有数の生産額を誇っているが」（映像　畑での聞き取り）

農家（女性）「これなんか、これ白いのがみんな灰ですよ。ほら、ほら、ほら」

記者「本当だ」

農家（女性）「これ、みんな灰ですよ。これ、これ、これも」

記者「けっこうでかいのも降って来るんだ」

農家（女性）「はい、そうです」
記者「あららら」
農家（男性）「あそこに白菜がありますけれども、白菜というのはずっと広がって、最後は巻くわけ。広がっている時に、灰が降りてくると、そのままずっと巻いてしまうわけだ。巻いた中に灰が入ってしまうわけ。だから売るときに『そいつを取れ』といわれても、灰はもう入っているから取れないのだよね」
ナレーション「野菜に付着する焼却灰。原因はもちろんこれである」
（映像　焼却炉から出る黒い煙）
ナレーション「昼夜を問わず操業する焼却炉。周辺の土壌からは高濃度のダイオキシンが検出されている」
記者「ダイオキシンのことは心配されていますか」
農家（女性）「いまけっこう心配してはいます。自分たち生産してね、売らないとならないから、どうしてもね」

●回想2　困難を極めたＪＡ所沢市への取材

テレビ朝日記者「（野菜のダイオキシン調査をした）ＪＡ所沢市は取材拒否ではないのです。こちらが取材を申し込んでも一切返答がない。こういう事情で取材は受けられませんという回答も一切ない。三〇回か四〇回くらい電話しましたが、常に担当者不在。伝言で伝えてくれと言っても伝わった試しがない。地元記者も同じ目にあっています。無視される。

また市役所は不思議なところで、髪の毛の調査とか血液とか母乳とかは一生懸命やるのですよ。で、農産物だけはやらない。『なぜ農作物はやらないのか』と市議が聞くと、市役所の答えは『安全基準がない』。（さらに市議が追及して）『それなら基準がない髪の毛や血液は一生懸命やって、なぜ市民や農家が一番心配している農産物をやらないのか』ということは市議会でもかなり問題になっていました」

――番組再現（九九年二月一日の「ニュースステーション」より）――

《４　二年前の〝一万二〇〇〇ナノグラム〟市の情報隠しと説明会（ＪＡ所沢市が調査）》

ナレーション「農家の心配は今に始まったことではない。二年前、所沢市が運転管理する焼却炉（「西部清掃事業所」）から高濃度のダイオキシンが測定されていたにも拘わらず、市がそのデータを隠し続けていたことが発覚した。その濃度とは、日本の緊急対策値の一五〇倍、ドイツの規制値の実に一二万倍という桁外れの高濃度であった」

市民「言っていることとやっていることが全然違う」

（映像　市民説明会の会場）

ナレーション「後日、行なわれた市の説明会には八〇〇人の市民が押し掛けた」
市長「市民のみなさまには、改めまして心からお詫びを申し上げるところでございます」
ナレーション「問題の焼却炉のすぐ近くに畑を持っている荻野さんは、当然、農作物の汚染を心配した」
荻野茂喜氏「是非、農産物のダイオキシン濃度を測定されて、もしそれが販売不能になったならば、速やかに補償をすると」
ナレーション「荻野さんの心配に対し、市の経済部長は」
経済部長「ご存じかと思いますけれども、ＪＡ、農協が『日本食品分析センター』に分析依頼しておりまして、間もなく報告が出ると思うのですけれども」
ナレーション「さらに市長は」
市長「迅速な情報公開とさらに開かれた市政の推進のために、最大の努力を傾けてまいる覚悟でございます」
ナレーション「しかし調査から一年以上たっても、いまだ農作物のダイオキシン濃度を市は公表していない。迅速な情報公開はどうなったのか。開かれた市政を目指す市役所に取材を申し込んだところ、電話取材しか受けないという」
記者「一年以上前に『間もなく報告ができる、市民に知らせる』と言ったのですが、いまだに知らされていませんね。これ、どうしてでしょう」

市の担当者「ＪＡの方には、機会があるごとに要請はしているのですけれども」
記者「何の要請ですか」
市の担当者「公表のですね。何ら回答がないのですけれども」
記者「ＪＡからは、まだそちらの市役所には数値は知らされていないのですか」
市の担当者「はい」

《５　不安を語り情報公開を求める住民や農家》
ナレーション「ＪＡが野菜のダイオキシン濃度を公表しないことが市民を不安にしている」
（映像　住民インタビュー）
市民（女性１）「発表できないということは、もしかしたら、恐い数字かも知れないと思っています。今のところは所沢の野菜は食べにくい」
市民（女性２）「所沢に住んでいて申し訳ないのですけれども、やはり地元のものはなるべく買わないとか、埼玉県（産）とかは避けています」
ナレーション「なぜＪＡは農産物のダイオキシン濃度を公表しないのか。荻野さんらは直接ＪＡにデータの公表を求めた」
（映像　ＪＡ所沢市に入っていく市民たち。声が漏れ聞こえる）
市民の声（女性１）「どうしてデータを教えてくれないのですか」

ＪＡ所沢市「私がお答えする立場にはありませんので」
荻野氏の声「開示しないと、よけい不安が強まる一方ですよ。現実に不買行動が起きている」
市民の声（女性２）「ＪＡは農家を守って下さいよ、消費者を守って下さいよ」
ナレーション「交渉は一時間にも及んだが」
記者「今日は何か成果はありましたか」
荻野氏「全くないです。もうすでに一年以上たっていますから、腹の中では発表しないで風化させよう、そういう考えではないですか」
矢部敏道氏（地元誌「所沢ニュース」主幹）「消費者にＪＡがデータを隠したまま売るというのは、犯罪行為ですから。今は農家の生計を守るためにデータをひょっとしたら隠しているのかも知れない。だけども、それは長い目でみたら、決して農家を助けることにはならないと思う」
ナレーション「番組でも繰り返しＪＡに取材を申し込んだが、何ら回答がない。去年開かれた市民集会で、ある農家からショッキングな報告がされた」
（映像　市民集会の場面）
農家（女性）「私たちのつくったものを誇りを持って売りたいと思っているのに、こんなに汚れた空気を吸って生きていたら、私たちも野菜も長生きできません。家族で話し合いの結果、二人の息子たちのどちらも農業は継がせないことになりました」

●回想3　海外では補償制度が当たり前

テレビ朝日記者「（ＪＡ所沢市が情報公開をせず、所沢市役所も調査に乗り出さない中で）通産省の松崎早苗さんが『所沢で農業はやってはいかん』ということを市役所や環境庁、厚生省、いろいろな方に自分の研究結果を文書で送り付けていた。番組ではフランスの例を紹介したのですが、フランスに限らず海外では農家に補償するのが当たり前だと」

《6　通産省の松崎氏の指摘》

ナレーション「市民や農家が心配する中、去年一〇月、衝撃的な意見書が公表された。発信者は化学物質研究の第一人者・松崎早苗さん。いわく埼玉県所沢市の汚染レベルは農業をしてはいけない値です」

松崎氏「実際に所沢などを測定しますれば、基本的に農業は禁止です」

ナレーション「松崎さんは繰り返し所沢での農業の禁止を訴えた」

松崎氏「セベソの安心して農業ができる値とはいかないわけです」

ナレーション「一九七六年にイタリアのセベソという町で、農薬工場の爆発事故があり、周辺がダイオキシンで汚染された。この時、汚染の激しい地域では数年間、農業が禁止されたが、松崎さんの調査ではセベソで農業が禁止された地域の土壌中のダイオキシン濃度は一二ピコグラム。一方、所沢市は摂南大学の調査で一〇〇から四〇〇ピコグラム。市の調査でも一四から四八ピコグラムと、いずれにしてもセベソの汚染を上回るという」

松崎氏「高濃度のところで農業生産をやっている場合は、取りあえず、まず止めてからやれる状況なのかどうかということを調べるというのが、科学的な方法ではないかと思うのですね」

《7　フランスのリール市の農産物補償と所沢市の対応》

ナレーション「汚染が判明したため、焼却炉近くの牧場の乳製品が出荷停止となる事件が、去年、フランスのリール市で起きた。(映像　フランスのリール市)

農家(男性)「我々は皆怒っています。ダイオキシンをまいたのは我々ではなく焼却炉なのです」

ナレーション「市は、農家を守るために思い切った政策をとった」

リール市・ピエール・モロワ市長「焼却炉の閉鎖を決めました」

ナレーション「さらに市は農家一六軒に対し総額四六〇万フラン(約一億円)の補償を支払った。所沢市では野菜の調査をするのだろうか」

市の担当者(農政課・関口文一課長)「農林水産省が来年から三年間で実施予定の、ダイオキシン濃度全国調査結果の動向を見極めていきたいのですけれども」

記者「三年後、四年後ということですか。野菜の調査の検討をするというのは」

市の担当者「現時点では以上のお答えなのですけれど」

荻野氏「今年、お茶の時期に四軒ばかり『ダイオキシンが入っているのではないか』という問い合わせがありまして、本当の意味で生産者を救済するのであるならば、ちゃんとした調査をして、その結果被るいろいろな被害に対して要求するなり、対策を講じるなり、これが近代社会では当然の行為だろうと思うのですよね」

●回想４　問題の対談

テレビ朝日記者「（本編ビデオの後、スタジオで久米宏氏と環境総合研究所の青山貞一所長の対談となる。ここで問題の三・八ピコグラムの数字が紹介されたことについて）葉っぱもの、一番高いのはお茶なのですけれどもオンエアでは知りませんでした。ただ他の地域に比べて突出して高いと」

《８　久米氏と青山氏の対談（スタジオ）》

久米氏「今夜はお客様にお越しいただいております。五年前から所沢の汚染の調査をしている環境総合研究所の青山所長です。まず非常に初歩的な質問なのですが、先程、ダイオキシンの灰が野菜の葉の上に白く残っている映像を拝見したのですが、あれを見ると水で洗えば落ちるのではないかとまず思う、この疑問はどうなのですか」

青山氏「付着するものについては水で洗えば落ちるのですが、実は、ホウレンソウなり葉っぱものは呼吸していまして、炭酸同化作用をしているわけです。そこで小さな穴（気孔）にですね、ガス状のダイオキシンが吸い込まれる、取り込まれる。そうしますと葉っぱの組織の一部になってしまうはずですから、それは洗っても全然落ちないということが考えられます」

久米氏「それで所沢の野菜の調査をJAもやっているし、市役所ももう空気の汚染も土壌の調査もやっているのですが、なかなか発表したり発表しても隠していたり、ちゃんとした数字が出てこないので、実は、青山さんの総合研究所で所沢の野菜の調査をしました。そのダイオキシンの数字を、今夜はあえてニュースステーションでは発表しようと思います。こういう調査の結果、数字が出ました」

（映像　フリップの大写し。これに関して三つの質問が出る）

――質問1　サンプルの中身について――

久米氏「これが、一番上が全国の厚生省調べ、グラム中のピコグラムのダイオキシン量を示しているのですが、所沢一グラム当たり〇・六四から三・八〇。この野菜というのはホウレンソウと思っていいのですか?」

青山氏「まあ、ホウレンソウがメインですけれども、葉っぱものですね」

久米氏「葉もの野菜」

久米宏氏と青山貞一氏の対談
（このやりとりの中で、独自調査の結果が公表された）

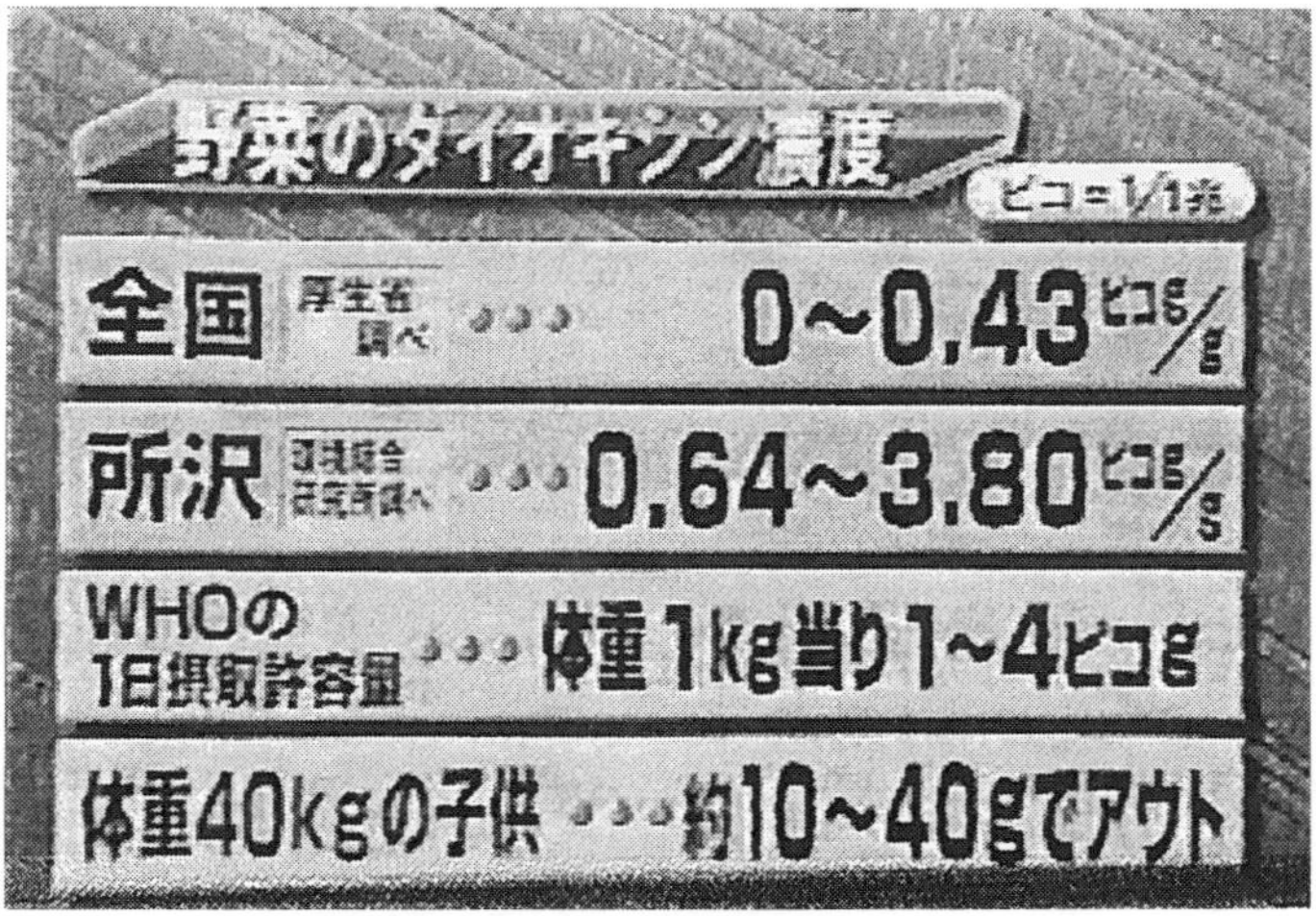

独自調査の結果を紹介したフリップ

青山氏「大根の根っこの方はありません。みんな葉っぱものです」

久米氏「全国では〇から〇・四三のところが、所沢の葉ものは〇・六から三・八。これはどの程度ひどいのですか」

青山氏「日本の平均の大気汚染に対して、所沢は四、五倍高いと思うのですけれども、日本はさらに諸外国より一〇倍位高いのですけれども、所沢はやはり全国に比べて五倍から一〇倍高いということが私たちの今までの調査でわかりました」

久米氏「今のお話、さらっと聞いてしまったのですが、世界的レベルからみると日本全国が一〇倍高い。それよりも所沢は一〇倍高いということは、世界レベルからみると、所沢の野菜はダイオキシン濃度は一〇〇倍高いということですか」

青山氏「まあ一〇〇倍高いということはないのですけれども、やはり私たちが今まで調べた中では突出して高いです」

――質問2　安全性について――

久米氏「これは食べると危険なのですか」

青山氏「WHOという世界保健機構が去年の春に一日の摂取量を厳しいのを出しました、一ピコグラム。四〇キログラムぐらいの体重の子供さんが、例えばホウレンソウを二〇グラムくらい食べると、その基準値にほぼ達してしまうと、高いものを食べた場合には。低いものでも、一

図5　ダイオキシン類が人間に摂取される経路

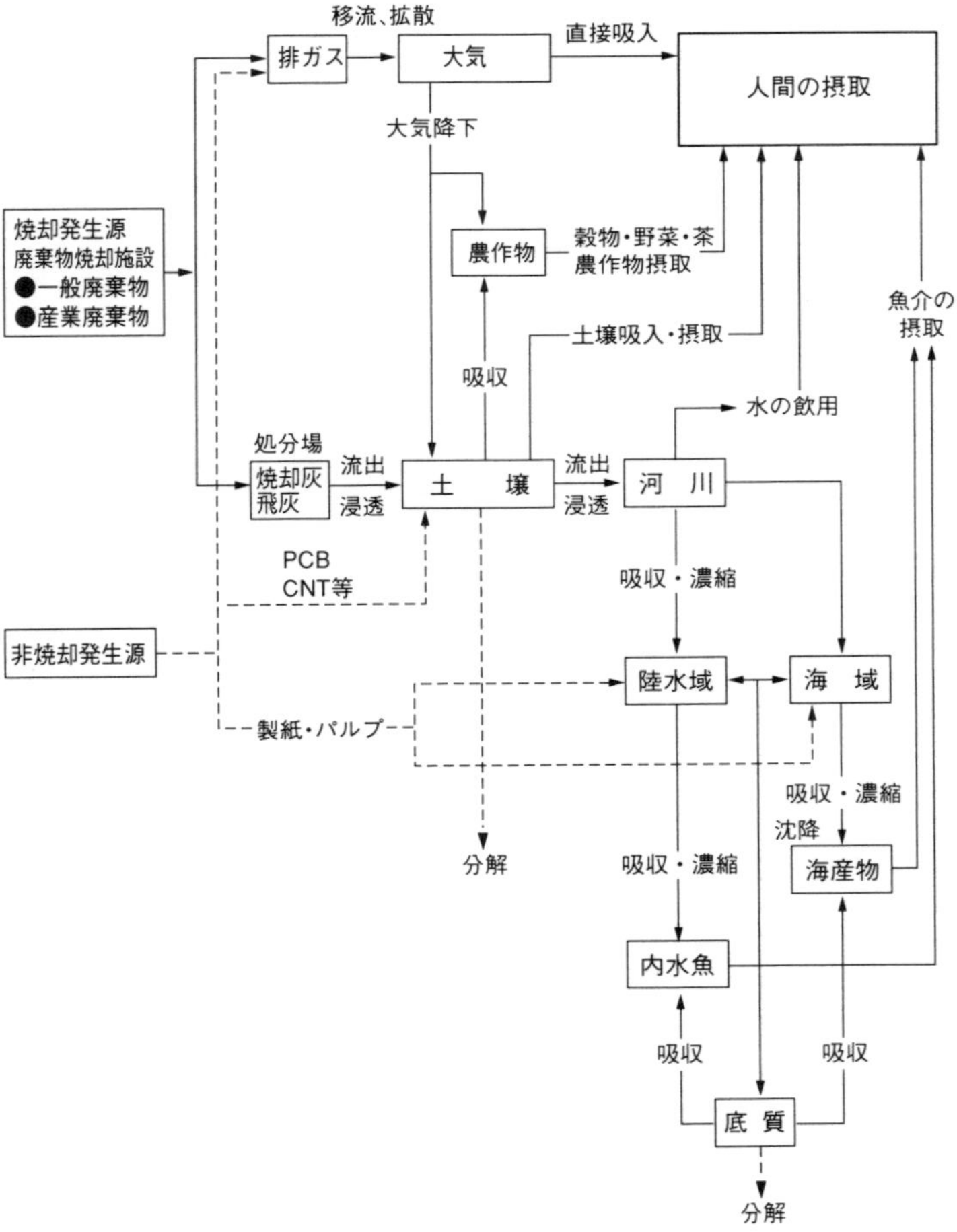

出典：環境庁検討会資料をもとに作成

○○グラムくらい食べると、ＷＨＯの基準に軽く及んでしまうということですから、あまり安全とはいえないですね」

――質問３　風評被害について――

渡辺氏（女性キャスター）「こういう野菜の話というのは営業妨害になりやすいとか、そういう反応がありますけれども」

青山氏「よく風評被害、風評被害というのですけれども、風評被害というのは、実際それほど高くもない値にも拘わらず、マスコミとか一部の専門家が騒ぐと、住民が騒ぐと。それをもって風評被害というわけです。しかし今回、私たちが数は限られていますけれども調査した結果を見ますと、明らかに高い。ですからそれは風評被害ではなくて、完全に消費者の立場に立ってみますと、消費者はそんなものを買ったら、他のところのものを食べるのに比べると、当然、自分たちのリスクが大きくなるわけです。ですからそれは風評被害ではなくて、実際の被害を受ける可能性がありますから、これは行政なり厚生省なり、みんなが本気になって考えないといけない値ではないかと。私は、まだ調査の途中ですけれどもそういう感じを持っています」

久米氏「わかりました。数字をありがとうございました。ＪＡ所沢は調べても数字を発表しない。農水省はこれから調べるなどという寝ぼけたことを言っております。実際の数字は以上の通りです。ありがとうございました」

表２　調査結果一覧表（テレビ朝日記者が配布）

98.10.23環境庁発表

調査媒体	単　位	川口·草加	戸田	川越·所沢·狭山	熊谷	秩父
大気（冬期）	pg-TEQ/m^3	2.6	1.5	1.2	0.34	0.24
大気（春期）	pg-TEQ/m^3	0.34	0.42	0.40	0.38	0.26
大気（冬期）	pg-TEQ/m^3	1.5	0.68	0.8	0.36	0.25
総降下物（冬期）	mg-TEQ/km^2/月	2.8	3.1	2.0	2.2	1.7
総降下物（春期）	mg-TEQ/km^2/月	1.1	1.2	0.37	1.3	0.26
乾性降下物（冬期）	mg-TEQ/km^2/月	0.99	1.0	1.4	1.3	0.15
乾性降下物（春期）	mg-TEQ/km^2/月	0.93	0.48	0.30	0.38	0.015
湿性降下物（冬期）	mg-TEQ/km^2/月	1.8	2.1	0.6	0.85	1.5
湿性降下物（春期）	mg-TEQ/km^2/月	0.68	0.76	0.069	0.91	0.24
底質	pg-TEQ/g－乾重量	150	15	3.6	1.8	1.1
河川	pg-TEQ/L	19	6.0	0.46	1.2	0.62
（再調査）		12	7.8			
地下水	pg-TEQ/L	0.028	0.31	0.0051	0.039	0.016
土壌A	pg-TEQ/g	25	16	68	21	12
土壌B	pg-TEQ/g	12	18	71	50	6.9
土壌C	pg-TEQ/g	20	28	86	49	5.7
土壌D	pg-TEQ/g	12	31	140	31	9.2
土壌E	pg-TEQ/g	18	30	62	0.70	1.2
土壌F	pg-TEQ/g	16	18	140	20	1.0
植物（松の針葉）	pg-TEQ/g－湿重量	18	15	24	8.7	2.3
動物（ドバト）	pg-TEQ/g－湿重量	5.3	1.8	1.6	0.52	2.0

●回想5　番組放送の根拠

テレビ朝日の記者は「こういう番組をやったのですね」と一呼吸入れた後、番組放送に踏み切った根拠をいくつかあげていった。

(1)　九八年の時点で出版されていた単行本の中に、「汚染地域のもの（葉菜類）は毎日たくさんは食べないなど、頻度や量を控えることも必要」（宮田秀明監修『ダイオキシンから子供を守る一〇〇の知恵』の八〇頁）、「ダイオキシンは洗ってもとれない。汚染地のほうれん草は食べる量をひかえめにするなどの努力をする必要がある」（脇本忠明著『ダイオキシンの正体と危ない話』の一四八頁）という記述があり、ホウレンソウはダイオキシンを吸収しやすいと考えられたこと。

(2) ある分析機関を訪問したところ、ダイオキシン研究者から「この前、テレビ局の某氏が所沢の白菜を持ってきたので分析したら四ピコ出た」と直接聞いた。

(3) 信頼がおける筋から「JA所沢市はホウレンソウ一グラムあたり一・七ピコグラムから一・八ピコグラムというデータを隠し続けている」という情報があった。（九九年）二月の中旬にJA所沢市が公表したデータは、これより低い数値だったので、《あれれれ》と思った。

(4) 所沢の農家は「オフレコだけど、カメラの前ではいえないけれど、いま家で作ったものは出荷するけれども家では食べない」と話していた。

(5) 去年の十月に環境庁が発表したダイオキシン濃度（表2参照。配布した文書で紹介）をみても、土壌中の濃度（A、B、C、D、E、F地点）は所沢（川越・所沢・狭山）は突出して高く、松の葉っぱも秩父が二・三ピコグラムに対し所沢が二四ピコグラムと高いこと。

テレビ朝日の記者はこう補足した。

「ここで非常に興味をひいたのは、松の葉のダイオキシン濃度が所沢は秩父の一〇倍高かったということです。このことは、環境庁も去年の十月の時点でわかっていた。そうすると、どう考えても野菜だって一〇倍くらい高いのではないか、というのがありまして放送したのです。

ところがその後、日本テレビを中心とする他の民放が、これだけの番組の中で『三・八ピコグラム』だけに着目して、当日の番組を無断で編集して何度も何度も引用して、『三・八ピコグラムは何だ』という方向に世の中を引っ張って行ったのです。ワイドショーも『三・八ピコグラムは何だ』と取り上げた。これが言いたかったのではなくて、所沢には汚染があると、ＪＡ所沢市も隠している、放送以前から汚染の実態を知っている人は所沢の野菜は食べていなかったという実態があって、知らない人だけが食べている。こんなことが許されるわけがないということで、放送したわけです」

2　日本テレビ記者の断言「ホウレンソウはシロ」

テレビ朝日記者のT氏が回想を交えた番組紹介を終えると、今度は日本テレビの記者O氏が反論を始めた。その立場は「ホウレンソウはシロ（安全）。テレビ朝日は誤った報道をしたのだから反省すべきだ」というものであった。

●論点1　耐容一日摂取量（TDI）をめぐって

日本テレビ記者「私はTさん（テレビ朝日）の話を聞いて、とてもがっかりしました。今回の番組についてはもっと反省してもらいたいと思います。それは、ここ（所沢）は松の濃度が一〇倍高い、野菜も多分汚染されているだろう、という見込みからスタートしていると思うのです。だいたい人口密度の高いところでは、ダイオキシン濃度は確実に高い。秩父の山奥と比べたら、どこだって高くなるのです。それを見て野菜が危ないと調べてみた。調べてみるのは結構です。調べてみたデータが〇・六四ピコグラムから三・八ピコグラム（一グラム中のダイオキシン濃度）。

これが突出して高濃度かと言ったら、そうではありません。
三・八ピコグラムはお茶ですから問題外です。（乾燥させた）煎茶で水分を飛ばしていますから、（ホウレンソウと同程度の水分量となるように）五倍に薄めたら、やっぱり〇・七ピコグラム位になってしまうのです。その他のホウレンソウを見てみましたら、突出して高くはないわけですよ。所沢のホウレンソウはシロです」

この「突出して高い」とする表現が出てくるのは、二月一日放送のニュースステーションである。しかし二月九日のニュースステーションではこの表現は姿を消し、フリップは「ホウレンソウ・大根の葉は、低い方で〇・六四ピコグラム、高い方で〇・七五ピコグラム」に修正された。

テレビ朝日記者「他地域に比べ突出して高濃度というのは、研究者（環境総合研究所の青山貞一所長）の発言ですよ」

日本テレビ記者「それが問題なのです。一人の研究者に頼ると間違いが起こるというのは私はこの時に気がつきました。この数値をもって、例えば中西準子先生（横浜国立大学）や森田昌敏先生（国立環境研究所）やその他のダイオキシンの専門家に聞いたら、多分、『高濃度といえない』という答えが返ってきたと思います。それは、マスコミ自身がよく陥る間違いなのです。ある先生に聞いてみて『高い』と言ったら、時間がないので放送してしまう。他の先生にあたってみたら『どおってことないよ』というかも知れない。

所沢の野菜は、他の地域の野菜とほとんど同じ。所沢の野菜を危険というのだったら、日本国中の野菜を食べるなということと同じことなのです。だったら海外から輸入してこいというのですか。そうしたら飛行機とか船とかエネルギーを使うことになるし、海外ではもしかしたら農薬を使っているかもしれない」

テレビ朝日記者「そんなことは誰も言っていない。所沢の野菜は他の地域よりも濃度が高い。（お茶の三・八ピコグラムではなく、ホウレンソウの）〇・六四ピコグラムでも高いのですよ」

日本テレビ記者「高くないですよ。〇・六四ピコグラムだとしても、体重五〇キログラムだとしたら二〇〇ピコグラムの摂取までは許されますから、ホウレンソウを三〇〇グラム食べられるのですよ。赤ちゃんからお年寄りまで、毎日、三〇〇グラムホウレンソウを食べることなんて、そんなこと牛でもない限りできませんよ。三〇〇グラム毎日食べられるという量なのですよ」

テレビ朝日記者「それは（耐容一日摂取量の）一番高い四ピコグラムでやっていますね。それに、ホウレンソウだけ食べて人間生きているわけではないですから」

日本テレビ記者「科学の計算の問題なのですよ」

テレビ朝日記者「計算の問題でもホウレンソウが汚染されていたら、他も白菜とかそういうのも汚染されていると考えるのが普通ですよ」

このやり取りの中に、ＴＤＩ（耐容一日摂取量）をめぐる議論のポイントがいくつも含まれている。この「ＴＤＩ」というのは、ダイオキシンの危険度をはかる〝物差し〟として使われる。

一生涯にわたってダイオキシンをとり続ける場合、一日あたりの摂取量（体内に取り込む量）がこの値以下なら大丈夫だろうというものだ。日本では厚生省の「一日に体重一キロ当たり一〇ピコグラム」と環境庁の「一日に体重一キロ当たり五ピコグラム」の基準があったが、九八年になって世界保健機構（WHO）はより厳しい値（一ピコグラムから四ピコグラム）を提案。連動する形で日本でも見直しが進み、九九年七月に成立したダイオキシン措置法では「一日に体重一キロ当たり四ピコグラム以下」が基準となった。例えば体重五〇キロの人なら四ピコグラムに五〇キロをかけて、一日の摂取量が二〇〇ピコグラム以下であれば安全ということになる。

このTDIは、糖尿病患者の食事制限、あるいは女性のダイエットに似ている。食事制限では、「ごはん一杯△△グラムだから〇〇カロリー、魚一匹は△△グラムで〇〇カロリー」と一つひとつ計算をして、一日に許される総カロリー以下に抑えるようにする。

同じようにダイオキシンの場合でも、まず「魚は一日に約一〇〇グラムを食べ、そこにはダイオキシンが八〇ピコグラムほど含まれている。約四〇〇グラム食べる野菜・果物にはダイオキシンが一〇ピコグラムある」という具合に足していき、各食品のダイオキシン摂取量（「食品中のダイオキシン濃度」に「食品の摂取重量」を掛けることで求められる）の合計が、目標値というべきTDIを超えていないかチェックする。

ただしTDIの場合にはこの食品経由だけでなく、呼吸で取り込む「大気経由」分や土遊びなどを通して入る「土壌経由」分なども加える必要がある（図5）。

これを基礎知識に先の激論を振り返ってみよう。ここで注意しないといけないのは、TDIは「科学的な計算」（日本テレビの記者）ではあるものの、前提の違いで評価が変わってくるということである。

《前提の違い(1)　TDIの下限値か上限値か》

一つ目のポイントは、世界保健機構（WHO）が提示したTDI「一ピコグラムから四ピコグラム」において、その上限（四ピコグラム）を取るか、下限（一ピコグラム）を取るか、である。日本テレビの記者は、一日に摂取できる量を「二〇〇ピコグラム」といった。この値は、WHOの「一番高い（甘い）四ピコグラム」を用い、これに体重五〇キロをかけたものである。間髪入れずにテレビ朝日の記者が「一番高い」と指摘したのは、もし「一番低い（厳しい）一ピコグラム」を用いれば、四分の一の「五〇ピコグラムになりますよ」といいたいのである。つまり上限値を用いるか、それとも下限値を用いるかで、四倍の違いが生じてしまうのだ。

《前提の違い(2)　ホウレンソウだけか葉菜全体か》

二番目の違いは、日本テレビの記者がホウレンソウだけを考えたのに対し、テレビ朝日の記者は葉っぱもの（葉菜）全体を問題にしたことである。ダイオキシンで汚染されている葉菜をホウレンソウだけとするのか、それとも葉菜全体がホウレンソウ並みに汚染されているとするのか、の違いである。

ＷＨＯの上限値を採用し、かつホウレンソウに限って摂取量を考えた日本テレビの記者は、次のような計算をしたのである。

［日本テレビの記者の計算（結論は「ホウレンソウはシロ」）］

体重一キログラム当たり四・〇ピコグラム×五〇キログラム＝二〇〇ピコグラム（ＷＨＯの上限値採用）

ホウレンソウ一グラム当たり〇・六四ピコグラム×三〇〇グラム＝二〇〇ピコグラム

この計算結果を元に日本テレビの記者は、(1)テレビ朝日が紹介した濃度のホウレンソウであっても一日三〇〇グラムまで食べられる、(2)日本人のホウレンソウの平均摂取量は約二〇グラムにすぎず、一日三〇〇グラムもホウレンソウを食べる人はまずいない、(3)だからホウレンソウはシロ（安全）と結論づけたのである。またこれが厚生省の言い分でもあり、ほとんどのマスコミは右から左へと受け売りした。なおこの計算は、焼却炉が近くにない住民が市場で所沢周辺のホウレンソウを買って食べている時に相当する（これを「一般住民で所沢のホウレンソウを食べていた場合」と呼ぶ）。

これに対しテレビ朝日の記者は、ホウレンソウだけでなく葉菜全体として考えていた。葉菜類は空気中のダイオキシンを呼吸で取り込むとされているため、ホウレンソウだけでなく葉菜類全体が同じくらいの汚染レベル（濃度）に違いないとみたわけだ。また環境庁の『ダイオキシンリスク評価』には、葉菜類の一日摂取量は乾燥状態で一〇グラム（水を含んだ湿重量だと約一〇〇グラム）に設定されているため、湿重量で二〇グラムのホウレンソウの約五倍にあたる。ホウレンソウに限定した場合に比べ、葉菜類全体のダイオキシンの摂取量は五倍になるのだ。その結果、葉菜類だけでWHOの下限値をオーバーしてしまうのである。

《テレビ朝日記者の計算（結論は「ホウレンソウは安全とはいえない」）》

体重一キログラム当たり一・〇ピコグラム×五〇キログラム＝五〇ピコグラム（WHOの下限値採用）

ホウレンソウ一グラム当たり〇・六四ピコグラム×一〇〇グラム＝六四ピコグラム（葉菜類全体の一日摂取量）

この計算は、所沢周辺の葉菜ばかり食べている場合を想定し、また基準値としてWHOの下限値を採用したものである。これに該当するのは、自家製の野菜をつくって食べている農家、所沢産有機野菜の宅配便の会員、あるいは実家から所沢の地場野菜が常に送られてきている人である（これを「所沢の葉菜ばかり食べていた場合」と呼ぶ）。

●論点2　行政の測定値とのギャップ

日本テレビ記者「ホウレンソウは汚染されていないですよ。これは、後から環境庁も調べたし所沢も調べたし埼玉も調べましたけれども、現実に高く出てこないから」

立教大学服部教授「報道機関というのは、行政が調べたデータで良しとするのですか。少なくともこれまで日本の行政当局は、様々なデータについてデタラメをやってきたわけです」

日本テレビ記者「それではお聞きしますが、どうして青山さんのデータを信用なさるのですか」

テレビ朝日記者「日本テレビでも所沢のダイオキシン汚染はひどい、ひどいと何度もやっていますよね。なぜ野菜が汚染されないのですか」

日本テレビ記者「それは説明します。ダイオキシンは水に溶けません。ということは、空から降ってきても、たとえ葉っぱの上に乗っても、洗って食べれば入らないわけです。それで呼吸として気孔から入ってくる場合を考えてみます。気孔から入ってくる場合には、大気汚染濃度がどうかというと、所沢は『一立方メートル当たり〇・四ピコグラム』じゃないですか。他の地域と変わらない」

テレビ朝日記者「大気濃度は一日だけ測っても風向きなどでいくらでも変わるのですよ」

植物なのですよ」。

日本テレビ記者　「環境庁が調べたのは、一週間やっていますよ」

テレビ朝日記者　「大気中の濃度を一番反映しているのは、ここ（配布した資料）に書いてある

大気中のダイオキシン濃度の場合、風向きや風速といった自然条件などによって値が大きく変動する。米軍厚木基地内における日米合同調査の中間報告（九九年）によると、基地内の大気中ダイオキシン濃度（コプラナーPCBを含む）は、同じ測定地点でも最高（五八ピコグラム）と最低（〇・一ピコグラム）で五八〇倍も違っていた（次頁の表3）。テレビ朝日記者のT氏が示した環境庁のデータでも、春季（〇・四ピコグラム）と冬季（一・二ピコグラム）と三倍の違いがある（七五頁）。ここで日本テレビ記者のO氏が紹介したのは、春季の低い値であった。

つまり低いデータを拠り所にするか、高い測定値を基準に考えるかで、汚染状況の見方に大きな違いが出てくるのである。低いデータを拠り所にすれば、所沢の大気汚染は全国平均並みとなり、葉っぱものが高濃度であるはずがないという結論に至るが、高い値こそ実態に近いと考えれば、所沢の大気汚染は全国平均以上にひどく、葉っぱもののダイオキシン濃度も高くて当然と捉えるようになる。

大気中のダイオキシン濃度においても、日本テレビの記者とテレビ朝日の記者では拠り所とするデータが違い、ダイオキシン汚染の評価に大きなギャップが生じていたのである。

表３　厚木基地の大気中ダイオキシン濃度

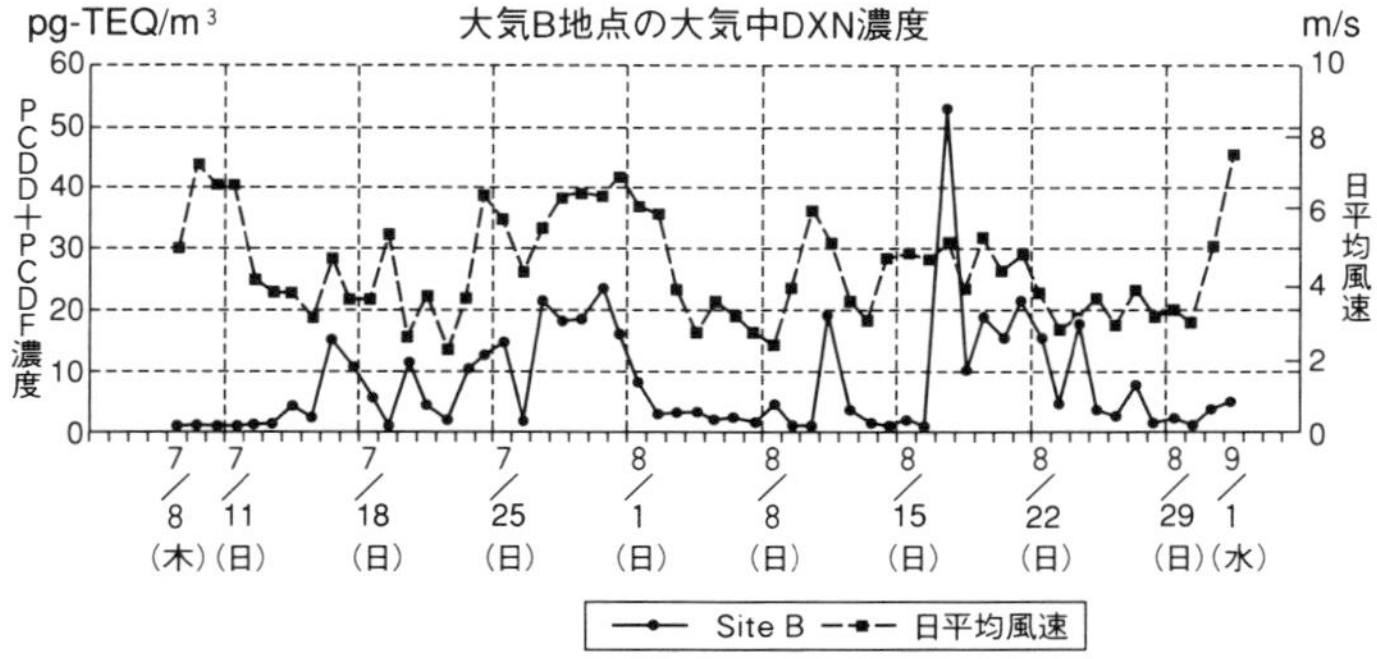

大気中のダイオキシン類濃度

	最小値	最大値	平均値
●ダイオキシン類			
大気Ａ地点	0.085	3.3	0.59
大気Ｂ地点	0.097	53	7.4
大気Ｃ地点	0.031	1.5	0.28
●コプラナーＰＣＢを含む			
大気Ａ地点	0.092	3.5	0.64
大気Ｂ地点	0.100	58	8.0
大気Ｃ地点	0.037	1.6	0.29

単位：pg-TEQ/m3

大気中のダイオキシン濃度は日によって大きく変動する。厚木基地の連続測定では、最小値と最大値で百倍以上の違いがあった（Ｂ地点）。

それでは、どちらが実態に即しているか。質疑応答の時間に所沢の住民はこう指摘した。

「日本テレビの記者の方が『大気汚染濃度が〇・四ピコグラム』と何回もおっしゃっていましたが、所沢の隣の三芳町は三ピコ、隣の東京都清瀬市でも下宿というところは、産廃の風下にあたるのですが、二ピコ近いと思っています。産廃があれだけ集中しているのは日本で所沢だけだと思いますので、大気汚染は高くて当たり前と思うのですけれども」

この点については、テレビ朝日の記者に軍配を上げざるをえない。これだけ産廃が集中している所沢周辺で大気汚染濃度が全国平均並みというのは、どう考えてもおかしい。大気の測定値自体に問題があったと疑うのが普通であろう（厚木基地内の調査結果を紹介した「サイアス」二〇〇〇年六月号参照）。

3　テレビ朝日の取材禁止令と日本テレビの受け売り

●報道規制に走ったテレビ朝日

ダイオキシン汚染の科学的な話に加え、マスコミの報道姿勢をめぐる激論も闘わされた。会場から出た「圧力があったのか」という質問に対し、テレビ朝日の記者がこんな告白をしたのがきっかけだった。

テレビ朝日記者「圧力とかがあるのかないのかということですが、はっきり申し上げてあります。この放送の後、テレビ朝日の上司から『所沢のダイオキシン取材禁止令』が出ています。正式に禁止令が貼られるわけではないので、他の人はスタッフ以外は知らないと思います。いまだに禁止令は出ています。

取材禁止令が出た理由は、埼玉県記者クラブのカメラマンが県庁にいるのですが、農家の方が要望書を持っていった際に暴行を受けました。『カメラマンですら暴行を受けるのだから、おまえが行ったら殺されるかも知れない。おまえが逆上して相手をぽかんと殴って、その瞬間を他のメディアに写真でも撮られたら、えらいことになるからしばらくは行くな』ということになりました。

所沢以外の問題でも、ダイオキシンに関してはほんのちょっとでも誤解を生むような表現をすると、社長がまた国会に呼ばれるかも知れないということで、放送自体が難しくなっているのは間違いない。社内の雰囲気としては、ややこしいことに巻き込まれたくないというのが本音です。農家の方が放送局に抗議に来たというのは恐らく初めてでしょうし、もうこれ以上、あの所沢を刺激するなと。

（放送後も）地元の農家の方から『焼却炉をなくす運動をやっているのを取り上げてくれないか』という提案もあったのですが、もし放送すると所沢の畑はいまだに焼却炉に囲まれているということが流れてしまい、ますます野菜が売れなくなることになってしまう。（所沢の問題は）取り上げようがないというか――。所沢の煙もくもくという現状はあまり変わっていませんから、それをうかつにやると、また他局に揚げ足を取られかねないし、取り上げるのは恐いというのが現在の社内の雰囲気です」。

これを聞いて、テレビ朝日の上層部は何という過剰反応をしているのか、と思った。その「暴行」の時、私はやや離れたところでやりとりをみていた。たしかに所沢の農家の人たちが「テレビ朝日は撮影するな。ビデオテープを出せ」とカメラマンに迫っていた。それで若いカメラマンは農家の勢いに押されて怯え、「上のものと相談します」と言ってその場をいったん離れ、すぐに戻ってきてビデオテープの提出に応じた。

殴られて無理やり取られたという感じは全くなく、口答で強く要求されて受け入れたという印象しか受けなかった。もし何かあったとしても、せいぜい胸ぐらをつかまれたり、押されたりする程度だろう。

どうみても「暴行（暴力を加える）」というのは実態とかけ離れた言い方であり、この程度のことで取材規制をするとは情けないとしか言いようがない。テレビ朝日の上層部は「テレビ朝日は（調査報道を）やるなら徹底的に闘って欲しい。『ミスはしたが、問題の本質は焼却炉であり、原因は行政の対応遅れにある』という具合にです」という立教大学の門奈教授の話に耳を傾けるべきだと思ったくらいである。

●調査報道で勝負しなかった日本のメディア

調査報道で徹底的に闘うという姿勢に欠けたのは、テレビ朝日だけではなかった。番組批判をさかんにした他のテレビ局も五〇歩一〇〇歩だった。こうした姿勢に対してメディア論の専門家から疑問が投げかけられた

日本テレビ記者「日本テレビは、テレビ朝日の揚げ足取りをしたわけではない。あの放送はいい加減だった。事実と違うからです。ゴミ問題を解決したいという気持ちはわかるのですけれども、たぶん救急車で救いを求めている人のところに走っていった時に、全く関係ない人をひき殺してしまったのです。

いまから見ても（野菜のダイオキシン濃度は）高い値ではない。それを危ないといって報道してしまった。政治介入される以前に、『これは違うぞ』と放送することがメディアの役割だと思います。間違った情報であったからこそ『それは違いますよ』と放送したわけです。もし日本テレビが軌道修正しなかったら、いまだに所沢のホウレンソウは売れません。堆肥をつくって落ち葉を拾って、何百年かけて造った土ですよ。それをたった一度の報道で台無しにされた。それも事実です」

立教大学服部教授「日本テレビなり、TBS、あるいはフジテレビ、あるいは新聞も含めてテレビ朝日のデータ以外で、自分のところでお金を出して、もう一回調査した報道機関はなかったですね。『テレビ朝日はこうだったけれども、我々はこうだった』という勝負を日本のメディアはどこもしないのですか。（日本テレビが）ホウレンソウを食べて大丈夫というのなら、自分でデータを出して言うべきではないのですか」

日本テレビ記者「ダイオキシンは食物連鎖で濃くなるのです。ですから草を食べた牛の牛乳が高くなりますが、野菜そのものの濃度は高くないわけです。世界をみても野菜を調べているところはありません。野菜を測定しなかったのは、日本テレビの判断といいますか、当たり前のこととして学者は調べてこなかったわけです。だからやらなかった」

この「学者は調べてこなかった」というのは、明らかに事実に反する。第一章で紹介したように、摂南大学の宮田秀明教授はテレビ局が持ち込んだ白菜を測定し、湿重量で一グラムあたり約四ピコグラム（コプラナーPCBを除くと、三・四ピコグラム）の高濃度のダイオキシンが含まれているという結果を出していた。テレビ朝日が紹介したホウレンソウの測定値（約〇・七ピコグラム）の約五倍、お茶の三・八ピコグラムに匹敵する値である。

しかも宮田教授はこの測定結果を所沢住民に伝えたため、住民グループの間に知れ渡ることになった。「テレビ局はデータを公表すべきだ」という声があがっていたのはこのためである。また宮田研究室を訪問したテレビ朝日の記者にも「テレビ局の白菜測定話」は伝えられ、先を越されたテレビ朝日が別の民間調査機関に野菜やお茶の測定依頼をしたのは、すでに第一章二節で述べた通りである。

ところが日本テレビは、宮田教授や住民グループを通して簡単に知りうる話「白菜から高濃度のダイオキシンが検出された」には頬かむりし、「野菜そのものの濃度は高くない。学者は調べてこなかった」というデタラメを口にしたのである。そして行政の安全宣言を受け売りしながら、番組批判に走ったのである。

テレビ朝日叩きのためなら報道機関の役割を放り投げてもいいと思ったのかも知れないが、今回の日本テレビの動きは不可解としか言いようがない。

日本テレビの単行本『日本テレビ報道特捜プロジェクト　ダイオキシン最前線』には、「行政に望む先手の対策」と題するくだりがあった。

「住民の声を聞けば聞くほど、そして現場の状況を見れば見るほど、『クロ』と断定できなくても『グレー』であることが分かります。そして『グレー』であるならば、まず住民の安全確保を最大限に考えると同時に、今後の対策を決定するための徹底的な調査が必要不可欠です。しかし行政の感覚だと『グレー』は限りなく『シロ』なのです。（中略）住民の間に死者でも出ないかぎり行政というのは何もしないという体質があるということを改めて認識しました」（七七〜七九頁）

ところが、なぜか日本テレビは「徹底的な調査が必要不可欠」という立場を貫かず、少し調べれば知りうる白菜の測定結果に目を向けず、独自調査を進めることはしなかったのだ。それどころか、「『グレー』は限りなく『シロ』」といいたがる行政の安全宣言に便乗し、テレビ朝日叩きに走った。本に書いていることと実際にやっていることがまるで違うと言わざるをえないが、この日のフォーラムでの発言を聞く限り、行政の測定値は正しい、ホウレンソウは安全と確信するようになったためのようだった。

●日本テレビは「ホウレンソウは安全、テレビ朝日は誤報」と主張

日本テレビ記者「なぜ不買運動が起きた時に『ホウレンソウではありません』と言わなかったのですか。その売れ行きが落ちたのを止められるのはテレビ朝日しかいなかった。テレビ朝日がやらなかったら、他の局がやらなければならない。これは義務だと思っています。そうしなければ、マスコミ同士のチェック機能が働きません」

テレビ朝日記者「これ（安全宣言）は、本来は行政がやることでしょう。ところが土屋知事は会見で『所沢のホウレンソウは安全とは言っていない』と言っている。宮田先生も脇本先生も、後、（日本テレビの記者が）先程言った横浜国立大学の中西準子さんも『焼却炉近くの野菜は食わない方がいい』（第3章、第4章参照）と言っています。所沢の野菜は安全だとは言えません」

日本テレビ記者「テレビ朝日は、問題ない数値を誤って報道してしまった。それはすいませんと言って謝ってしまって、次の問題に行って欲しい。分かっていたのに、なぜ自分から否定できなかったのですか」

テレビ朝日記者「所沢でサンプル提供された農家の方がいた。サンプル提供者との関係もあるので詳しく言えないこともある。三・八ピコグラムがお茶だと番組でいうと、農家が特定されるのです。ホウレンソウの〇・六四ピコグラムが出たのは『△△（道路の名前）近く』のこの農家、

〇・八ピコグラムが出たのは『所沢市〇〇〇』のこの農家の大根の葉ですとやったら、その農家がつぶれるか、周辺農家からイジメにあうこともありえたでしょう。それでスタジオで久米さんが三・八ピコグラムがお茶だとは知らない、青山さんの言える範囲のコメントが『葉っぱもので他地域よりも突出して高濃度』ということです」

日本テレビ記者「今回、この問題で（ダイオキシン対策が）一歩進んだといいますけれども、大変な税金の無駄をさせられたと思っています。埼玉県で野菜を調べた時に一億円以上かかったのです。大気汚染濃度が高くないところ（所沢周辺）を調べても、高い値が出るはずがないじゃないですか。それでも調査してしまった。結果的には高くなかった。これはやっぱりなんですよ。いろいろな専門家の意見を聞いて、総合的な意見として至った結論です。

もう一度、（ニュースステーションで）青山さんが発表した数値の意味というものを検証していただいて、私は『所沢のホウレンソウは安心して食べていいですよ』といいたいのです。それに私も安心して食べています。

放送の結果、罪もない本来は被害者である農家を足蹴にしてしまったことは、テレビ朝日は謝るべきです。今回のシンポジウムではメディアの怖さを感じました。信じて放送しても間違ってしまうことはあると思うのです。専門家が勘違いしている場合もありますし、自分の勘違いもあります。私が間違って放送した時には、間違いを広げないために誰かに批判して欲しいと思います。メディアには波及効果があります。批判をしてはいけないというのはファシズムになると思いますので、これからも日本テレビがギャンギャン言っても『揚げ足取りだ』といわないで下さい。メディアのためにやっているのですから」

テレビ朝日と日本テレビの記者の主張は、最後まで平行線をたどり、大きなギャップが残った。これは、両者の拠り所とするデータや専門家が違ったためだ。テレビ朝日の記者は厳しいＴＤＩの下限値を基準にし、焼却炉周辺住民が地場野菜ばかり食べるという最悪に近い事態を考えながら、また環境総合研究所のデータを拠り所に、「ホウレンソウは危ない」という立場を取った。

一方、日本テレビの記者は緩いＴＤＩの上限値を基準にし、一般的な消費者が市場でホウレンソウを買って食べることを想定しつつ、また行政（埼玉県や国）の測定値も安全宣言も正しいという立場から、「ホウレンソウはシロ」と結論づけたのである。

一体、どちらが妥当といえるのだろうか。行政の安全宣言について、さらに詳しくみていくことにしよう。

第3章 信じていいのか安全宣言

1　安全宣言への疑問

●独善的な安全宣言

国会参考人招致から二週間後の三月二十五日、埼玉県と国は、ホウレンソウとお茶の測定結果を公表し、あらためて安全宣言をした。その結果は「ホウレンソウ一グラム当たり〇・〇四ピコグラム」というもので、テレビ朝日の一五分の一以下であった。これほど差が出た原因としては、次のようなことが考えられた。

(1)　ビニールのトンネル内のホウレンソウを一〇点サンプリングしたため、気密性が高くなり、露地ものに比べ濃度が低くなった。

(2)　ホウレンソウを採ったサンプリング地点は、住民にもマスコミにも非公開だった。焼却炉からの距離によって汚染度は大きく違ってくるため、離れたところのサンプルだと濃度は低くなる。住民グループは立ち合いを申し入れようとしたが、「今回の場合、行政にしては珍しく非常に対応が早く、気がついたら調査が終わっていました」（所沢在住の小谷栄子氏）。

(3) 分析方法や精度などの違いで、測定値が低くなった。摂南大学の宮田教授は、野菜中のダイオキシンを有機溶剤で溶かし出す「抽出工程」を調べたところ、用いる方法によって最終的なダイオキシン濃度が大きく違うことを見い出した。何とトルエンを用いた環流抽出法（宮田教授が開発）だと、アセトンとヘキサンを用いる液・液分配抽出法（行政が依頼した測定会社が使用）に比べ、一二倍の濃度になると九九年の第八回環境討論会で発表した。つまり通常行われている測定方法には問題があり、途中で野菜中のダイオキシンが脱落、正確な汚染量が計測できないというのだ。これが、行政の測定値が低い原因の可能性がある。

原因は特定できてはいなかったが、行政の測定値とテレビ朝日のデータには大きなギャップがあった。ところが関係省庁が集まって出来た「ダイオキシン対策閣僚会議」は、自らのデータこそ正しいとして安全宣言をしたのである。閣僚会議の「ダイオキシン対策推進基本指針」（一〇一頁）には、「所沢市を中心とする野菜及び茶については、政府が実施したダイオキシン類の実態調査により安全性が確認されたところである」と断定的に書かれていたのだ。

しかもこの独善的な安全宣言は、政府の公式見解として用いられていった。例えば四月十四日の中央環境審議会では、環境庁の課長がこの部分をそのまま読み上げた。

《何でここまでいえるのか》と疑問に思ったので、後でその課長をつかまえて「安全宣言の根拠は何か」と聞くと、「JA所沢市は露地ものを測ってそれほど高い値ではなかった。現在のT

DIだと安全」といった回答が返ってきたが、とても納得できる根拠とはいいがたかった。

また九九年八月には、厚生省の課長が市民団体に呼ばれた席で同じ文書を配布し、所沢市民に強く反論されたこともあった（一二七頁）。

どうも役人というのは、官と民でデータが食い違っていても行政側が絶対的に正しいと思う人たちのようである。その胸の内はだいたい想像がつく。「ダイオキシン対策推進基本指針」には、先の安全宣言の後に「ダイオキシン類に関する正確な情報が公開されることにより、国民の不安が解消されることが必要」とあった。裏返していえば「不正確な情報で国民の不安が煽られた。官のデータは正しく、民のデータは信じるに足らない」になる。

ついでに言えば、役人の言うことを鵜呑みにしがちなのが、政府・自民党である。当時の農水大臣の中川昭一氏は、「ざっくばらん農相回顧」（『日本農業新聞』二〇〇〇年一月二十三日付）でこう振り返っている。「農水省はじめ政府全体で調べたら、（テレビ朝日で報道された）環境総合研究所は事実と違うデータを公表していた」「誤報は許さないという姿勢でした」。要するに、「官のデータは正しく、民間調査機関のデータは誤り」という役人の話を信じたということであろう。

●地元住民の違和感

地元所沢では、こうした行政の安全宣言への疑問が噴出していた。「次世代の子供たちことを

ダイオキシン対策推進基本指針

第１．基本的考え方

Ｉ．ダイオキシン問題は、将来にわたって、国民の健康を守り環境を保全するために、内閣を挙げて取組みを一層強化しなければならない課題である。

II．今後４年以内に全国のダイオキシン類の排出総量を平成９年に比べ約９割削減する。

III．埼玉県所沢市を中心とする野菜及び茶については、政府が実施したダイオキシン類の実態調査により安全性が確認されたところであるが、健康及び環境への影響を未然に防止することを更に徹底する観点から、関係省庁が一体となり、対策をより一層充実し、強化するとともに、ダイオキシン類に関する正確な情報が公開されることにより、国民の不安が解消されることが必要である。

IV．このような認識の下、今後の国の総合的かつ計画的なダイオキシン対策の具体的な指針を策定する。国は、本指針に従い、地方公共団体、事業者及び国民と連携して、次の施策を強力に推進する。

１　耐容１日摂取量（ＴＤＩ）の見直しを始め各種基準等作り
２　ダイオキシン類の排出削減対策等の推進
３　ダイオキシン類に関する検査体制の改善
４　健康及び環境への影響の実態把握
５　調査研究及び技術開発の推進

－１－

ダイオキシン対策閣僚会議の資料
（安全宣言したもの）

考えたら安全宣言など出来るはずがない」といった声は、何人もの住民から聞いたものだった。

放送から三週間後の二月二十日、市内のファミリーレストラン。所沢在住の主婦のBさんは、小渕恵三首相(当時)や中川昭一農水大臣のパフォーマンスは「無知そのもの」と呆れていた。

「ダイオキシン、環境ホルモン問題は、今の子供たちが大きくなって出産、子育てをする時にどうなるか、という話なのです。ダイオキシンですぐに死ぬわけではありませんが、長い間にアトピーや喘息やガンや生殖機能などへの影響が出る恐れがあります。だから中高年が食べた位で安全といえるはずがない。無知をさらけ出しているようなものですよ」

すると、一緒にいた主婦の吉野きよ子さんは、手提げ鞄の中から完成直前の公開質問状を取り出し、テーブルごしに差し出した。タイトルは「学校給食に関する質問」。見ると、所沢周辺で採れる農産物が学校給食でどれくらいに使われているのか、献立にあるお茶のふりかけの産地はどこか、などの質問が並べられていた。子供が小学校に行っているという吉野さんは、こんな説明を加えた。

「行政は『ホウレンソウやお茶のダイオキシン汚染は直ちに健康に影響を与えるものではない』と安全宣言しましたが、実際のところ、子供たちが給食で何グラム地場野菜を口にしているのかさえ、全くわかりませんでした。それで子供たちの健康を心配しての質問状をつくったのです」

東所沢駅近くに住む主婦のCさんには、別のファミリーレストランで会った。アトピーになっているという子供さんも一緒だった。そのCさんも、ホウレンソウを食べるパフォーマンスをした小渕首相らに怒っていた。

「小渕首相や中川農水大臣や官僚たちが見せかけでない安全宣言をしたいのなら、身内の子や孫を所沢に住まわせるべきです。私が住んでいる東所沢駅周辺には引っ越したい人がたくさんいますから、空き家はいくらでもご紹介できますよ。彼らの一族がここに住み、身を持ってダイオキシン汚染にさらされない限り、安全宣言など信じる気になりません」

ＪＲ武蔵野線の東所沢駅周辺（所沢市の東南部）は、市の北境にある「くぬぎ山」と並ぶ産廃施設の集中地区である。通称〝浦所（うらとこ）街道〟（浦和市と所沢市を結ぶ道路）がこの一帯を横切り、その道路沿いに産廃施設が林立している。Ｃさんはこう続けた。

「私は、所沢市の血液検査で三五名中四番目の高い値でした。この値自体、数値処理に問題があって実際よりも低いと指摘されているものですが、そうした中でも高い値の人は、私を含め東所沢駅周辺に住んでいる人が多いのです。

また近所では、喘息やアトピーやホルモン系の病気などの話をよく聞きます。この一帯は産廃密集地のくぬぎ山の風下にあたり、また浦所街道沿いの産廃施設にも近いのでダブルパンチを受けている状態なのです。しかも川沿いのため全体的に低地となっていて、汚染された煙の吹き溜まりになりやすいともいわれています」

東所沢駅周辺と並ぶ汚染地区「くぬぎ山」に住む小谷栄子氏も、こう心配する。

「強い風で舞い上がった土ぼこりの中で、子供たちは遊んだり、学校に通っています。本当に恐怖を感じます。あの土にダイオキシンが何ピコ入っているのか。摂南大学の宮田秀明先生の調査結果が記憶に残っているものですから、非常にこわいのです。焼却灰も風によって巻き上げられています。子供たちは土遊びが大好きで発育にいいといわれていますが、健康を考えたら、自信を持って遊んでいいとはいえません」

焼却施設の近くで暮らす住民からすれば、煙とは無縁の生活を送る人たちがいくら安全宣言をしようが、全く信用できないのである。

《そんなに自信を持って安全宣言をするのなら、役人や政治家たちは所沢に引っ越してきて、彼らの子や孫たちが地場野菜を使った学校給食を口にし、煙にまみれた空気を吸い、ゴミの山から飛んでくる土埃にもさらされ、汚染された土のある公園で遊ぶ生活を送ってからにして欲しい》

これが所沢の人たちの住民感情なのだ。そして彼らが政府首脳に勧める転居先は、焼却炉が集中する「くぬぎ山」や「東所沢駅周辺」である。

●先見性のある中西準子教授の推定結果

これを実行した真面目な政治家や役人がいたとは聞いていないが、一応忠告しておくと、所沢に移り住むと「野菜からのダイオキシン摂取量は少ないから大丈夫」という安全宣言が通用しなくなることを覚悟する必要がある。

たしかに近くに焼却炉がないところに住んでいる場合（小渕首相や中川大臣や厚生官僚らも該当するだろう）、ダイオキシンの摂取量の九割以上が食物経由となり、そのうち魚が大きな割合を占めるため、野菜の寄与度は少なくなる。しかもホウレンソウを食べる量は一日に平均で約二〇グラム（湿重量）にすぎず、野菜全体の中で占める割合は少ないので、たとえホウレンソウのダイオキシン濃度が多少高くても問題はない。こう厚生省は説明し、ほとんどのマスコミはこの安全宣言を右から左へと伝えた。これは、はっきり言ってダイオキシン汚染の過小評価である。

本当は、どう汚染のリスクを見積もればいいのか。

住民の勧めに従って、政府・自民党の関係者が所沢に引っ越した時のことを考えればいい。小渕首相のパフォーマンスを引き継ぐ意味で、衆議院議員となった次女の小渕優子氏が所沢市内に居を移し、ホウレンソウなどの地場野菜を食べ始めるようになった姿を思い浮かべてもいい。もちろん生活環境は一変し、ダイオキシン汚染の影響を大きく受けるようになる。煙にまみれた空気を吸えば、大気からのダイオキシン摂取量は多くなり、焼却炉周辺の地場野菜を口にすれば、野菜からの摂取量も増える、という具合である。引っ越すことで、この分のダイオキシン汚染のリスクがプラスされてくるのである。

特に葉菜類は空気中のダイオキシンを呼吸で取り込むため、葉菜類全体がホウレンソウと同じくらいの汚染レベルになるのは間違いない。そして前に述べたように、葉菜類の一日摂取量は乾燥状態で一〇グラム、水を含んだ湿重量だと約一〇〇グラムに設定されている。湿重量での一日摂取量二〇グラムのホウレンソウの約五倍である。葉菜類全体からのダイオキシン摂取量は、ホウレンソウ単独（厚生省の安全宣言の前提）に比べて約五倍になるということである。

それでは所沢に引っ越す前後で、つまり焼却炉が近くになかった時（「一般住民」の場合と呼ぶ）と、焼却炉周辺に移り住んだ時（「焼却炉近傍住民」の場合）で、どれくらいダイオキシン摂取量が増えるのか。横浜国立大学の中西準子教授は、こうした焼却炉周辺地区に住み地場野菜も食べる人のリスクを推定していた。劣悪な焼却施設があった茨城県竜ヶ崎市周辺をモデルにしたものだったが、結果は、大気からの摂取量は一般住民の約三倍、葉菜起因は約五倍になっていた。そして中西教授はこんな警告を発した。

「曝露量推定結果のまとめ『焼却炉近傍住民』では、葉菜からの摂取が（魚介類に次ぐ）第二の曝露経由である」「ダイオキシン濃度の高い排ガスを出す焼却炉周辺では、葉菜の摂取に気をつけた方がいい」（「環境とダイオキシンを考えるセミナー」講演会資料、九八年五月十三日）。

「この仮定のような場所（竜ヶ崎市をモデルにした焼却炉周辺）が現実にある場合に、一番効果が早い暴露量削減方法は、その地域で収穫された葉菜を食べないことである」。「焼却施設からのダイオキシン排出削減によって、ＬＲ（焼却炉近傍住民）の暴露量の大気起因分と葉菜起因分のかなりの割合を減らすことができる」（中西教授のホームページより）。

何と先見性があるコメントだろうか。驚くべきことに中西教授は、ニュースステーションが放送される半年以上前に、焼却炉周辺の「葉菜」の危険性を指摘、「摂取に気をつけた方がいい」

と提言していたのだ。

自民党浅野勝人代議士が国会で取り上げた、ニュースステーションの問題場面を思い出してほしい。あの番組の冒頭で主婦の中村勢津子さん（所沢市在住）は、ホウレンソウを手に「私の家族は所沢の野菜は食べておりません」と訴えていた。まさに中西教授が薦める対策を、そのまま実行していたことになるのだ。

また土屋知事に直訴した農家の要望書には、「発生源と思われる所沢周辺の焼却施設の操業停止」とあった。これも中西教授がいう「焼却施設からのダイオキシン排出削減」にあたる。この排出削減対策を実行すれば、「焼却炉周辺住民の暴露量の大気起因分と葉菜起因分のかなりの割合を減らすことができる」のは間違いない。焼却炉への発生源対策により大気中のダイオキシン濃度が下がり、それを吸って育つ葉菜中のダイオキシン濃度も低減し、その結果、大気経由と葉菜経由の摂取量が減るというわけだ。

●野菜の測定はしなかった中西教授

このように中西教授の提言は、焼却炉周辺住民の声とぴったり一致した。所沢の主婦が実行したり、騒動に直面した農家が求めたことを、一足早く科学的に導き出していたといえるだろう。

また中西教授の推定結果は、テレビ朝日のデータと大きく食い違うものではなかった。葉菜類経由の摂取量をテレビ朝日の測定値から計算すると「一日に約七〇ピコグラム」になるのに対し、中西教授の推定値は「一日に五三ピコグラム」であったからだ。両者の値がかなり一致していたことは、推定結果が現実離れしていないことと同時に、所沢周辺の汚染がかなりひどいことを示唆する（中西教授の推定の前提は国内最悪の焼却炉周辺地区であったため）。なお二つの値（七〇ピコグラムと五三ピコグラム）を一日耐容摂取量に直すと、一日に体重一キロあたり一・四ピコグラムと一・一ピコグラムとなり、WHOが提案した一日耐容摂取量の下限値「一ピコグラム」を超えてしまう。

しかし不可解なのは、ここまで分かっている中西教授が、しかもダイオキシン分析装置を持っている中西研究室が、なぜ焼却炉周辺の葉菜を測定しなかったのか、ということだ。この推定結果を発表したのは九八年五月十三日で、野菜騒動の半年以上前であるから、時間的な余裕は十分にあったはずである。

またモデル地区にした茨城県竜ヶ崎市で活動する「竜ヶ崎の自然と環境を守る会」（事務局長は金子保広氏）から、ダイオキシンの測定依頼も受けていた。ところが「中西研の人は現地調査には来たのですが、自分たちが興味のあるベンゼンだけを測定して、肝心のダイオキシン測定はしてくれませんでした」と金子氏は怒る。

結局、焼却炉周辺の農産物の測定をしたのは、民間研究機関の「環境総合研究所」（青山貞一所長）であった（カナダの「マクサム社」に委託して測定）。中西教授は、焼却炉周辺の葉菜の危険性を指摘しながら、実際に測定することはしなかったのである。

それどころか、中西教授は「『環境ホルモン』空騒ぎ」（『新潮四五』九八年十二月号）では、同じ推定結果を紹介しながら「一般的には焼却炉周辺の野菜ばかりを食べるわけではないので、野菜が特に危険だとも言えない訳である」とコメント、明らかにトーンダウンしていた。

たしかに中西教授が言うように、焼却炉周辺住民の全員が地場野菜ばかりを食べているわけではない。しかし食べてばかりいる人もいた。「竜ヶ崎の自然と環境を守る会」の横田誠会長（当時）に『環境ホルモン』空騒ぎ」のコピーを差し出すと、ざっと目を通した後、こう反論した。

「ここでは、多くの人が自家用の野菜畑を持っています。野菜の種類は、大根やほうれん草といった葉菜から人参やじゃが芋までいろいろです。いくら焼却炉から黒い煙が出ようが野菜とは関係ないだろうと思って、構わずつくって食べていました。ガンで亡くなる人が周りで目立ってきたため、最近では多少は買うようにはなりましたが、つい数年前まではほとんどすべてが自家製の野菜でした」。

また東所沢で農業をしている年配の男性も、産業廃棄物の焼却炉がすぐ隣の畑で野菜をつくっており、三人いる孫の一人がこんな作文を書いた。「みんなダイオキシンが恐いというけれど、おじいさんは野菜を一生懸命つくっているので、私は野菜を食べています」。

ただ野菜を食べているためか、近くの焼却炉の煙のせいかわからないが、三人ともアトピーになり、孫の母親は鼻の感覚がほとんどなくなったという。

さらに所沢周辺の農家に嫁いだDさんもこう語る。

「うちには『食べる用』の畑があって、ほとんど野菜は買わずに地場野菜を食べていました。わが家は、くぬぎ山の焼却施設から約一キロのところで、炉が操業した頃から煙の臭いがひどく、隣の電気会社の野焼きも長年続いてきました」

Dさんの体調は崩れていったという。最初に生理が止まり、子宮内膜症と診断され、子宮が腫れて摘出手術をすると、子宮ガンであったことが判明。アトピー性皮膚炎、血尿や耳鳴りにも苦しんでいる。「焼却による空気や水や野菜の汚染の影響に違いありません」とDさんはみている。

HIV事件に似ていると思わないだろうか。一部の研究者はうすうす危険性に気がつきながら、それを広く国民に伝えることをせず、徹底的な調査にも乗り出さなかったというわけだ。またあの事件では、初期に出たごく少数の発症事例を軽視し問題を先送りしたことが、後の多くの被害につながった。ダイオキシン汚染の場合も同じであろう。たとえ少数であっても焼却炉周辺の野菜ばかりを食べる人に目を向け、その人の立場になってリスク評価をすることが重要かつ必要なことではないのか。ところが現実には、痛ましい過去の教訓を十分に活かしているとはとても思えないのだ。

2　信憑性の乏しい行政の測定値

●行政の測定値はなぜ低い

所沢産野菜の安全宣言は、行政自身の測定値を根拠にしていた。しかしその値はテレビ朝日の値の約十五分の一以下であった。また摂南大学の宮田教授が、所沢市の産廃密集地帯から一キロ以内で採れたホウレンソウを測定したところ、ダイオキシン濃度は〇・八五九ピコグラムという結果となった（九九年の第八回環境討論会で発表）。

《所沢周辺のホウレンソウのダイオキシン濃度》

国と県の合同調査　〇・〇四ピコグラム
摂南大学宮田教授　〇・八五九ピコグラム
環境総合研究所（テレビ朝日が紹介）　〇・六四～〇・七五ピコグラム

宮田教授と環境総合研究所の値がほぼ一致し、行政の測定値だけがはるかに低かったのである。

これは、後述する茨城県の焼却施設周辺住民の血液調査と同じパターンであった。

低かった原因として、いくつかの測定上の問題点が指摘されていた。例えばビニールのトンネル内のホウレンソウだけを採取したり、抽出工程で不適切と思われる溶剤を使用したことなどである（九八頁）。それにも拘わらず、行政は自分たちのデータこそ正しいと独善的に決めつけ、安全宣言を発し、それを大半のマスコミが受け売りしたのである。

しかし、こうした行政の測定値は、どれほど信憑性があるのか。答えは「ノー」であろう。それは行政が測定をすると、不自然なほど値が低く出ることが多いからだ。今回のように住民側が調査した場合に比べ、一桁も違う（一〇分の一以下）ことは珍しくない。本当に実態をあらわしているのか、という不信感はぬぐえず、安全宣言のための調査、税金の無駄という声もよく聞く。それでは、なぜこれほど低い測定値が出るのか。いくつかの事例に目を向けながらそのカラクリを探っていくことにしよう。

［事例1　エンバイロテックの場合］

九八年九月、緒方靖夫議員（共産党）は、神奈川県の産廃業者「神環保」＝現・「エンバイロテック」の測定値（煙突出口の排ガス中のダイオキシン濃度）を見て驚いた。この業者の焼却炉は、米軍厚木基地に隣接、煙が基地内の大気汚染を招いているとして米軍側が改善を強く求め、その結果、日本政府が一二億円を出して改修することになったものだ。当然、かなり劣悪な炉に違いないと思いきや、その測定値は、何と厚生省の暫定基準（一立方メートルあたり八〇ナノグラム）を満たしていたのだ。

日米の国際問題になるほどの焼却施設が、測定値の上では何ら問題がないという。この現実と数値のギャップを、どう解釈したらいいのか。ちなみにこのデータを議員への説明で持参したのは厚生官僚。緒方氏は「官僚は測定値を疑うことはあまりしないようです」と首を傾げる。

［事例2　能勢町での数値操作］

九八年十月二日の衆議院環境委員会。社民党の中川智子代議士は、高濃度の汚染が発覚した大阪府能勢町の焼却炉問題を取り上げ、排ガスの測定で数値操作、隠蔽工作があったのではないかと質問した。

この日、参考人として呼ばれていた業界団体「日本環境衛生工業会」の千葉佳一氏が答弁に立つ。同氏は、焼却炉メーカーの三井造船に聞いても厚生省の問答集をみても、そうした事実はなかったと否定。その後、突然、「そういう物の言い方は失礼。根拠は何か」と机を叩いて激昂した。

ところが後日、中川氏が取り寄せた厚生省の問答集には、数値操作そのものズバリが記されていた。「ダイオキシン測定の際に、通常と異なる操作を行い、厚生省に報告した理由」についての厚生省環境整備課が報告を求めると、豊能郡環境施設組合（焼却炉の管理者）はこう回答していたのだ。

「焼却炉メーカーの『三井造船』に厚生省の基準を満たすことを期待して測定を依頼、同社はいくつかの測定値を下げるための手段を提案。組合はそのまま了承」

提案内容（一部）は次の通り。
(1) 測定前の一〜二週間、油で空運転。炉内のダイオキシンを放出。
(2) ゴミに油を混ぜて燃やす
(3) 袋を破りゴミを砕いて投入
(4) 焼却するゴミ量を減らす
要するに、測定値を下げるノウハウの蓄積がある焼却炉メーカーと焼却施設の管理者が結託し、通常とは異なる操作を行なってダイオキシン濃度が普段よりも低くなるようにした、ということである。これを数値（測定値）操作といわずして、何というのだろうか。過ちを認めない焼却炉メーカーの体質には、ただただ驚くばかりである。

大蔵省の銀行検査に似ていると思わないだろうか。銀行は大蔵官僚から検査日を聞き出した日だけは、ずさんな内情が表沙汰にならないように取り繕う。焼却炉の排ガス測定も、測定日だけ通常と異なる燃やし方にすれば、〝粉飾決算〟は可能なのである。しかも測定日は年間で数日だから、他の約三百六十日はどんなにダイオキシンを排出しても問題なしとみなされる。先の「エンバイロテック」のようなことは、どこでもありうる話なのである。

このことは、ダイオキシン規制の根底を見直さないといけないことを意味する。いくら環境中に出るダイオキシン量を抑えようとして、煙突出口の基準値を決めても、それは排ガスの測定値があくまで信頼できるという場合の話である。

［事例３　大気の測定値でも粉飾決算］

粉飾決算まがいの測定は、排ガス濃度だけでなく、大気中のダイオキシン測定でも横行しているようだ。埼玉県所沢市の産廃施設密集地「くぬぎ山」の近くに住む小谷栄子さんは、こう語る。
「行政が大気中のダイオキシン濃度を測定するときは、必ずといっていいほど産廃焼却施設の煙は少なくなります。去年（九八年）十一月の環境庁の調査の時も、数日前までは煙が立ち込め、かつてないほどのすさまじさでしたが、間近になったらピタッと止み、測定期間中は臭いがほとんどしませんでした」

また所沢市の隣の三芳町に住むＤさんも「夕方、測定業者が引き上げて行った途端、産廃業者が燃やし始めたこともありました。測定日は産廃業者に筒抜けになっているとしか思えません」と呆れていた。

さらに小泉厚生大臣と土屋埼玉県知事が九八年七月にくぬぎ山の視察に来たときも、産廃業者はほとんど焼却をしておらず、この日だけは特別に空気がきれいだった。住民の間から「大臣、毎日、来てよ」と皮肉る声が飛んだのはこのためである。

要するにダイオキシン濃度の測定をしても普段と同じ燃やし方でないと、実際の汚染状況を反映しないということである。税金を使って実態とかけはなれた数字を出し、現実を歪めているともいえる。税金の無駄どころか、かえってマイナスである。

[事例4　竜ヶ崎の土壌の測定値]

「竜ヶ崎自然と環境を考える会」(事務局は金子保広氏)のメンバーは、茨城県による城取清掃工場(新利根町)周辺の土壌調査に立ち会い、ずさんなやり方を目の当たりにした。

この城取清掃工場(家庭ゴミ用の焼却炉)の周辺地域は、ガンで亡くなる住民の割合が全国平均を上回っていたことで有名だ。九八年の十二月に焼却炉の操業は止まったものの、二十五年以上にわたって黒煙を吐き続けた結果、周辺のダイオキシン汚染はかなり進んでしまった。摂南大学宮田秀明教授の現地調査によると、土壌から高濃度のダイオキシンが検出され、住民の血液中のダイオキシン濃度も全国平均をはるかに超えていた。

茨城県もやっと調査に乗り出したが、九八年三月に県が発表した土壌中のダイオキシン濃度は、宮田秀明教授の結果を大幅に下回っていた。「考える会」の金子氏は、すぐに食い違いの原因究明を進めた。専門家の意見を聞き、県の土壌採取地点をチェックしたのである。

九九年三月十六日、金子氏は記者会見を開き、土壌採取地点の写真を一枚ずつ示しながら、茨城県の調査の問題点、ずさんさを説明していった。

金子氏の記者会見

(1) 採取地点Aでは、測定前に土壌が入れ替えられており、値が低く出るのは当然。

(2) 採取地点Bでは、無機質の多い土壌をサンプリングしていた。有機質が多い土壌ではダイオキシン濃度は高いが、砂地のような無機質が多い土壌では再浮上もしやすく、ダイオキシン量は低くなる。

(3) 川底の土を採取した地点Cは、流れが早い川の中央部であった。これでは上流部から運ばれる土を測ることになる。流れが遅い川縁の底の土を採取すべきだった。

こんなやり方では茨城県は、土壌中のダイオキシン濃度が低くなる地点を選んだと思われても仕方がないだろう。

［事例５　竜ヶ崎の血液の測定値］

測定値に食い違いが出たのは、土壌だけではなかった。五月二十七日に茨城県が発表した城取清掃工場の血液調査でも、住民側の調査結果（摂南大学・宮田秀明教授と環境総合研究所・青山貞一所長に依頼）を大きく下回った。

《血液中のダイオキシン濃度（脂肪一グラム当たり。一ピコグラムは一兆分の一グラム）》

茨城県の調査　平均　九・七ピコグラム

摂南大学・宮田教授　平均　七七ピコグラム

環境総合研究所　平均一七六ピコグラム

再び金子氏は、原因究明に動き出す。今度は、ダイオキシン研究機関を訪ね、分析プロセスの現場に立ち会いながら、測定担当者に意見を求めた。その中で浮上したのが、血液中の脂肪含有量の水増し疑惑だった。日本人の脂肪含有量の平均は約〇・三％であるが、茨城県の調査では約〇・六％と二倍も多くなっていたのだ。

脂肪含有量が注目されたのは、最終的な測定値である「血液中のダイオキシン濃度」を左右するからだ。血液中のダイオキシン濃度は、一グラムの脂肪あたりのダイオキシン量であらわされるため（単位はｐｇ／ｇ—ｆａｔ）、一グラムの血液中のダイオキシン量と脂肪含有量の両方を測定した上で、ダイオキシン量を脂肪含有量で割ることで算出される。

血液中のダイオキシン濃度＝一グラム血液中のダイオキシン重量（ｐｇ）／脂肪含有量（ｇ—ｆａｔ）

つまり、分母の脂肪含有量が二倍に〝水増し〟されれば、ダイオキシン濃度は実際の半分となってしまうのだ。しかもこうしたことは「起こりうる」と同研究機関の測定担当者はいう。

「脂肪含有量の測定は、血液に有機溶剤（ヘキサン）などを加えて脂肪分を溶かし込み、水分などと分離した後、続いて有機溶剤を蒸発させて脂肪分だけが残るようにします。このプロセスをきちんと行なわないと、不純物が残って脂肪含有量が実際よりも多くなるのです」

実は、所沢市でも似たようなことが起こっていた。二つの測定機関で血液を測定した所沢の住民は「脂肪含有量が三倍以上違った」と言っているのだ。

図６　茨城県の血液調査結果にみる異性体別の検出状況（毒性換算前）

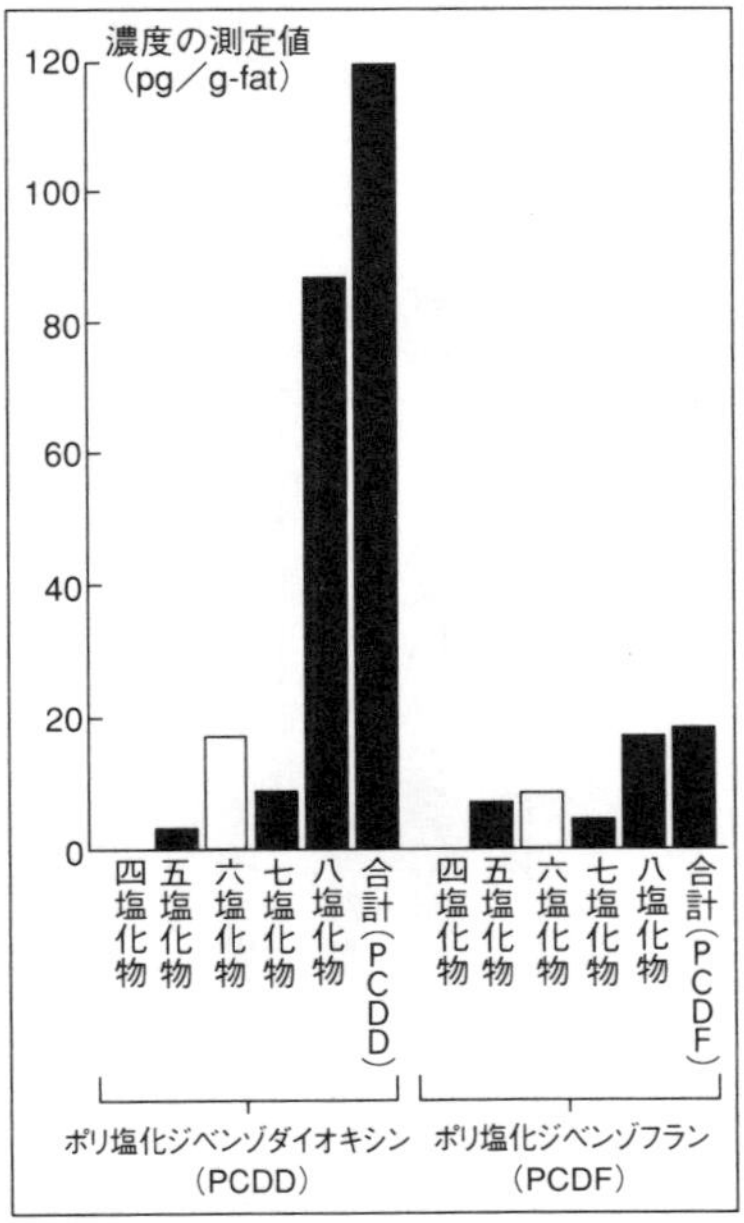

さらに〝ダイオキシン消失説〟も浮上した。茨城県の分析結果は、四塩化物（塩素が四つ付いているダイオキシン類。最大は八つの八塩化物）と五塩化物が少ない特異なパターンを示していたからだ。

ここで化学の解説を多少させて欲しい。一言で「ダイオキシン」あるいは「ダイオキシン類」ということが多いが、実は、共通の化学構造を持つものの、少しずつ異なる化学物質（「異性体」と呼ばれる）の集まりなのである。それらは「ポリ塩化ジベンゾダイオキシン」（七五種類）と「ポリ塩化ジベンゾフラン」（一三五種類）にわけられ、あわせて二一〇種類にも及ぶ。その中で毒性が強いとされる一七種類に限って各々の濃度が求められ、毒性の強弱の係数をかけた後、すべてを合計して最終的なダイオキシン類の濃度となる。

この際、塩素の数によって四塩化物から八塩化物に仕分けして、濃度を表示することがある（一一九頁の図6参照）。この棒グラフは「異性体パターン」と呼ばれ、ダイオキシン出所を探る手がかりになる。

例えば、八塩化物が突出している場合は農薬が汚染源の可能性が高い。いくつかの農薬には不純物として八塩化物のダイオキシンが含まれているからである。これに対し焼却炉から出た排ガスには、四塩化物や五塩化物がかなり含まれていることが多い。

話を戻す。図6は、茨城県の血液調査結果の一例である。不可解なことに、焼却炉周辺住民の血液にもかかわらず、四塩化物と五塩化物が少なく、八塩化物が多いパターンになっていた。ここで登場したのが、〝ダイオキシン消失説〟である。つまり四塩化物と五塩化物が分析の途中で蒸発（消失）したのではないか、という説だ。なぜ八塩化物が残っているのかは、同じダイオキシン類でも塩素数が多いほど蒸発しにくいことで説明できる。

先に述べた脂肪含有量の水増しとこのダイオキシン消失が同時に起きれば、測定値が桁違いに低くなることは十分起こりうるといえるだろう。

またこの説を有力にする、もう一つの理由がある。それは、茨城県の測定値の平均値が約一〇ピコグラムと低すぎることである。厚生省の全国平均は「二〇から三〇ピコグラム」だが、ダイオキシンを排出する焼却炉周辺住民の血液であるにもかかわらず、全国平均の半分以下なのである。これは、どこかで一部が消失したと考えてもおかしくない。

なお今回の調査をチェックする立場にあるのが、茨城県の健康調査検討委員会の専門部会で、そこには、国立環境研究所の森田昌敏研究官ら著名な専門家が名を連ねている。疑わしいデータを公表したのは、いかにも不可解である。

結局、行政の測定値のからくりを追っていくと、単純な結論「行政に勝手に測定をさせるな」に行き着く。測定の試料採取地点を決める段階から測定時（分析プロセス）まで住民が立ち合えることや焼却施設の徹底した情報公開（普段と同じように燃やしているのかをチェックできるようにする）は、きわめて重要である。

しかし行政の測定値は、第三者によるチェックが十分に保証されていないのが現状だ。今のところ行政の測定値は信憑性に欠けるといえるだろう。

3 安全宣言後も続く住民運動

●公害調停で被害を訴える住民

所沢産野菜の安全宣言は、砂上の楼閣のようなものだった。その根拠となった行政の測定値は、分析方法やサンプル採取方法などの問題が指摘され、値が低く出る数値操作の疑いさえつきまとっていた。そんな信憑性が乏しい測定値を元にした安全宣言では、焼却炉周辺の実態を歪めるだけで、問題解決には何らプラスにはならない。実際、安全宣言が連発された後も、所沢周辺が煙に覆われる状況にはあまり変わりはなく、きれいな空気を求める住民運動は続いていった。

野菜騒動から五カ月半後の九九年七月十七日、第一回目の公害調停が埼玉県浦和市で開かれ、住民と産廃業者二五社と県担当者が出席した。公害調停は、公害を起こした側と被害を受けた側の間に都道府県の「公害審査会等」(国だと「公害等調整委員会」)が仲介役として入り、話し合いによって解決策を探るという制度だ。裁判に比べ、被害者の経済的負担が軽く、スピーディな解決が期待できるのが特徴とされる。

ところが今回の場合、加害者側の産廃業者が四七社と数が多いこともあって、申請から第一回目の開催まで半年以上もかかってしまった。待ちに待って開かれた初回の調停委員会では、二人の主婦が煙に悩まされる日々を訴えた。

「焼却炉に隣接する私の家では、窓のすぐ外を煙が流れていくほどの汚染にさらされています。隙間を塞ぐためにガラス戸をガムテープで目ばりし、室内に設置した空気清浄機をフル稼働させないと臭いが消えません。近所には、化学物質過敏症のような症状の人も多い。私自身も疲労が溜まりやすく、いつも体調が悪く、皮膚科、耳鼻科、眼科など、いろいろな病院通いをしています。九四年に喘息になり、アルコールは飲まないのに肝炎と診断されました。洗濯を干すと灰がかかり、閉め切ったガラス張りのサンルームでもつくらないと、洗濯物がまともに干せない状態です」（東所沢駅近くに住む吉野きよ子さん）

焼却施設が密集する「くぬぎ山」に住む小谷栄子さんもこう訴えた。

「ここに引っ越してきた時は、空気がおいしいと感激していましたが、私の家から一〇〇メートルのところで、産廃業者が古い家を壊して大きな炉で燃やし始めたのです。廃棄物を燃やす煙は焚き火の煙と全く違います。本能的に体に悪いと感じる。喉や鼻の粘膜を刺激して気持ちが悪くなってしまうのです。煙が入ってくるので窓もなかなか開けられず、風がない日は一日中煙がよどんで、天国のような森林浴の生活から地獄に突き落とされたようになりました。空気清浄機のフィルターに黒い汚れがこびりつくようになり、フィルターがなかったら汚れが肺に入ったと思うと居たたまれません」

翌月の八月九日の第二回調停委員会では、仲介役の委員が所沢の産廃密集地区を現地視察。その後も公害調停は約一カ月半に一回のペースで開かれ、二〇〇〇年七月で九回を数えた。しかし「公害調停をすすめる会」事務局長の前田俊宣氏は「まだ本格的な議論には入っているとはいえず、最終的な解決（調停成立）のメドは立っていません」と語る。

「すすめる会」発行の「きれいな土と空気」（第七号）には、ちょうど一年後に開かれた第九回調停（二〇〇〇年七月八日）の様子が紹介されていた。すぐ隣にある産廃業者の焼却炉に悩まされる住民Mさんが、こんな意見陳述をしたというものだった。

「九三年に建設されて以来、騒音や振動や灰に悩まされる日々が続き、窓ガラスにはべったりと煤のような汚れがはりつき、健康にどのような影響を与えるのか不安です。私の言いたいことと望みは、普通に天気の良い日に窓を開け、布団を干したり、安心して外で子供と一緒に遊んだり、きれいな空気を深呼吸したい、ただそれだけです」

先の前田氏はこう続けた。

「所沢市が操業停止する産廃業者に補助金を出すことにしたため、一部の業者は焼却を止めました。しかし大半の業者は今でも操業を続けており、新たに許可が下りた焼却施設もあるのです。行政はさかんに改善されたといいますが、煙が畑や住宅地をもくもくと覆う状況には大きな変化

ハンスト後、要望書を手渡す住民グループ

はありません」

　なお所沢周辺の市町村、例えば狭山市、入間市や三芳町などには、補助金制度はなく、焼却炉が次々となくなっているわけではない。所沢市内の一部を除き、焼却炉周辺の公害問題は解決していないのである。

●ハンストを断行した住民

　きれいな空気を求める住民運動は、公害調停だけではなかった。第一回調停委員会で煙に悩まされる日々を訴えた吉野さんは、翌月（八月八日から十日までの三日間）、自らにムチを打つ直接的な行動に出た。吉野さんを含む七名の住民グループ有志は、市役所前に陣取ってハンストを断行したのだ。そして通りすがりの市民に、ダイオキシン削減への思いを「短冊」に書き込んでもらうようにも頼んだ。

ハンスト最終日の八月十日、市役所内を訪れた住民グループ有志は、担当の市職員に「必ず市長が読んで欲しい」と念を押しながら、集まった短冊と自ら作った要望書を手渡した。要望書にはこう書かれていた。

「私たちの切実な願いを七夕の短冊に託して届けます

焼却が止まり、ダイオキシン汚染がなくなるようにという願いをこめて、所沢市に何度も要望活動を続けてきましたが、一向に改善されず不安はつのるばかりです。無謀ともいえるハンガーストライキという方法でこの思いをアピールしました。

私たちの願いであり所沢市のスローガンでもある『ダイオキシンゼロの街』に限りなく近づくまで、何度でも訴えていくつもりです。汚染都市所沢という汚名を返上し、『安心して暮らせるふるさと所沢』と市民が誇れるようにして下さい。安全な水や大気、土壌に自然を回復させて、安心して赤ちゃんを産めるよう、安心して子育てできるよう、学校でも公園でも子どもたちが安心して学び遊べる環境にして下さい。

多くの市民の思いが一つひとつの短冊に込められています。全部読んで、市長としてできうることを全力を尽くして実現させて下さい。

九九年八月一〇日　所沢周辺住民の連名（七名）」

夕方、ハンストを終えた吉野さんたちはファミリーレストランに向かい、三日ぶりの食事を口にした。その表情にはさすがに疲労がにじみ出ていた。吉野さんはぽつりと言った。「子供たちの将来のことを考えたら、何かやらないといけないと思ったのです」

●安全宣言に住民の怒りが爆発

行政の安全宣言に住民の怒りが爆発したこともあった。

ハンストから二週間後の九九年八月二十六日、ダイオキシン問題に取り組む「環境ホルモン国民会議」が厚生省の課長を招き、話を聞く場を設けた時のことだった（所沢市民を含む約二〇名が参加）。その課長は、小渕恵三首相をトップに関係省庁が参加した「ダイオキシン対策閣僚会議」の資料（一〇一頁参照）を元に、「野菜騒動は廃棄物対策では追い風になった。ダイオキシン対策閣僚会議が出来て、バラバラだった各省庁がまとまり、役割分担を決めて取り組むことになった」などと説明した。ところが質疑応答の時間に入った途端、それまでじっと聞いていた中年男性のTさん（所沢市民）が大きな声で質問を始めたかと思うと、こんな怒りを爆発させたのだ。

「『ダイオキシン対策推進基本指針』（配布された資料）の『基本的な考え方』の三に、非常に許しがたいことが書いてある。『埼玉県所沢市を中心とする野菜及び茶については、政府が実施した実態調査により安全性が確認されたところである』。これは何なのですか。完全にウソじゃないですか。少なくとも我々はウソだと思っています。所沢のダイオキシン問題をきっかけに関係閣僚会議で対策をやるとおっしゃっている。ところが安全性が確認されたといっているのだから、何も対策をやることはないじゃないか。言っていることが矛盾しているんだよ。これは、おかしいんだよ。何なんですか。あなた方は、言っていることとやっていることは逆なんだよ」

話を聞く場として厚生官僚を招いた主催者は「ここは、糾弾の場ではありません」と止めに入った。しかしTさんの怒りは収まらなかった。

「（厚生省の）認識を言っているのですよ、こういう認識をしているのであれば、間違っていますよ、と言っているのです」

Tさんは焼却施設が林立する東所沢駅周辺に住んでおり、煙に悩まされる生活を余儀なくされていた。ところが読み上げられた安全宣言は、そんな生活実感とかけ離れていた。Tさんが怒るのも無理はないだろう。これに対し厚生省の課長は、体調不良を訴えていたこともあって、ほとんど反論らしい反論はしなかった。たとえ議論が続いたとしてもTさんの方に軍配が上がったに違いない。少し整理して考えれば、厚生官僚の言ったことが矛盾しているのは明らかだからである。

・大気汚染がない場合、野菜は安全でダイオキシン対策は不必要になる。
・大気汚染がひどい場合、野菜は安全とは言い切れず、ダイオキシン対策は必要になる。
・だから常識的には「野菜は安全だがダイオキシン対策は必要」という事態は考えにくい。

結局、現地に住んで煙に悩まされている人の方が、机の上で仕事をしている人よりもずっと本質を言い立てている、ということであろう。

●人間も野菜も長生きできない

こんな一言もあった。騒動の発端となった二月一日のニュースステーションで、ある所沢の農家の主婦が「こんなに汚れた空気を吸って生きていたら、私たちも野菜も長生きできません」と訴えた。この一言は、人間と野菜が運命共同体であることを示し、東所沢のTさんの怒りと同様、焼却炉周辺の状況をズバリ表わすものだ。

要するに焼却炉から出る煙中の有害化学物質（ダイオキシンも含まれる）で空気が汚れると、人間にも野菜にも悪い影響を与える。大気中の有害化学物質の濃度が増えると、人間が吸い込む量も野菜（葉菜）が取り込む量も多くなるからである。

逆に言えば、「地域で採れる野菜（葉菜）が安全ということは空気がきれいな証であり、ところが野菜が安全でなければ大気汚染は深刻」ということになる。農家の一言から人と野菜の関連性を考えると、野菜（葉菜）が地域の汚染指標になりうることに行き着くのである。

この関係にいち早く気がつき、空気を吸って生育する葉っぱものを地域の大気汚染指標にすることを実践したのは、摂南大学の宮田秀明教授である。葉っぱものとして「クロマツ」を用いた宮田教授は、各地で測定を重ねていき、全国のダイオキシン汚染マップをつくろうとしていた

（宮田秀明著『ダイオキシン』、岩波新書参照）。宮田教授のデータをみると、所沢の産廃集中地区（「くぬぎ山」周辺）のクロマツは二一ピコグラムから九〇ピコグラムとかなり高い値になっていた。同じように葉菜中のダイオキシン濃度も高く、大気汚染はかなり進んでいるといえるだろう。

一方、汚れた空気を吸う所沢住民への影響は出ていないのだろうか。先に紹介した荻野氏の記者会見にかけつけた「子供の健康を考える会」事務局の釜山信之氏は、質疑応答が一段落したところで、集まった報道関係者に向かってこう言ったものだ。

「お茶などの葉っぱものには、炭酸同化作用（光合成）でダイオキシンが取り込まれる。人間の肺には呼吸で入ってくる。私は、野菜騒動で報道機関が『安全』というのが不思議で仕方ありません。所沢市は九八年二月に市内の公立小中学校の児童・生徒を対象に、喘息等の調査をしました。その結果は、喘息の発症率が平均で七・四%。市内の三三校中八校は、全国一の東京都東大和市（八・二%）を超えていました。こういう状態を放置しているのは、おかしくないのですか」

釜山氏は、この調査結果（「九八　子供のからだ白書」＝所沢市養護教諭部会作成）を情報公開条例に基づく開示請求で入手。そこには、アトピーや喘息などのアレルギー性疾患を認めた生徒が、小学校で六〇%、中学校で六一%もいること、またアトピーと視力低下（目に化学物質がたまりやすいためとの見方もある）の相関関係を示唆するデータもあった。

調査対象となった児童・生徒は約二万五〇〇〇人だから、何と一万五〇〇〇人がアレルギー性疾患に悩んでいたことになる。釜山氏は「焼却炉が原因に違いありません。定期的に報告集会を開きたいと思っています」と意気込んでいた。

●「焼却炉周辺の野菜は危ない」を前提にした対策を

行政の安全宣言よりも住民の訴えに耳を傾ければ、焼却炉周辺のダイオキシン汚染はそれほど複雑な話ではないことに気づく。まさに住民の一言に集約できるだろう。

「煙で空気が汚れると、野菜（葉菜）も人も危ない。野菜だけが安全というのはウソだ」

この単純明快な結論に従って行政の安全宣言をオールクリアし、再度、対応策を考え直す必要があるだろう。それでは、具体的に何をすればいいのか。野菜騒動の直後に所沢の農家が知事に手渡した要望書にある通り、基本は「調査と農産物への補償と発生源対策」の三つであろう。

(1)　まず焼却炉周辺で農産物（特に葉っぱもの）の調査を行なう。摂南大学の宮田教授は、発生源の中心から同心円状にサンプリングすることが重要と指摘している。疑わしい地域を抜けがないように調査し、農産物が高濃度に汚染された地区を割り出す、ということである。ここで重要なのは、所沢周辺がすべて同じ汚染レベルにはなっておらず、焼却施設が多い「くぬぎ山」や「東所沢駅周辺」のような高濃度汚染地区が局所的に存在すると考えられることである。つまりこうした調査で汚染のひどい地区を明確にすれば、それ以外の地区に対しては安全宣言を発することができるのだ。

(2)次に、高濃度汚染地区が見つかった場合、規制値（許容値）に従って、汚染された農産物の出荷を停止し、農家の経済的損失は補償制度でカバーする。いったんは行政が補償し、ダイオキシンの発生源が特定された場合には焼却施設の管理責任者に支払わせるという二段階の制度にしておくことが好ましい。

(3)並行して焼却施設の発生源対策を進める。ダイオキシンの排出源になっている焼却炉を止めるか、せめて焼却量を抑えるか、焼却炉の改修をするといった対策を打ち、排出量を下げる。

(1)で参考になるのは、米軍厚木基地の調査報告書（"Air Quality and Impact Study and Human Health Preliminary Risk Evaluation of Jinkanpo Incineration Complex Activities on Naval Air Facility Atsugi, Japan"）である。米軍厚木基地は、隣接する産廃焼却施設の煙に悩まされていたが、業者に文句を言ってもらちがあがらなかったので、日本政府に改善要求を突きつけた（一一億円の対策費が出た）。

その際、米軍側は基地周辺の大気汚染マップを作成、等高線で山の高さを示すのと同じ要領で大気汚染濃度の高低を表現した。このマップを見ると、どの地区がどの位のレベルで汚染されているのかが一目瞭然である（米軍調査報告書の図7参照）。同じことを所沢周辺でもやればいい。そうすれば、出荷停止地区と安全宣言地区の線引きをすることができる。詳細な汚染地図を示し

図７　厚木基地周辺の化学物質濃度の等高線

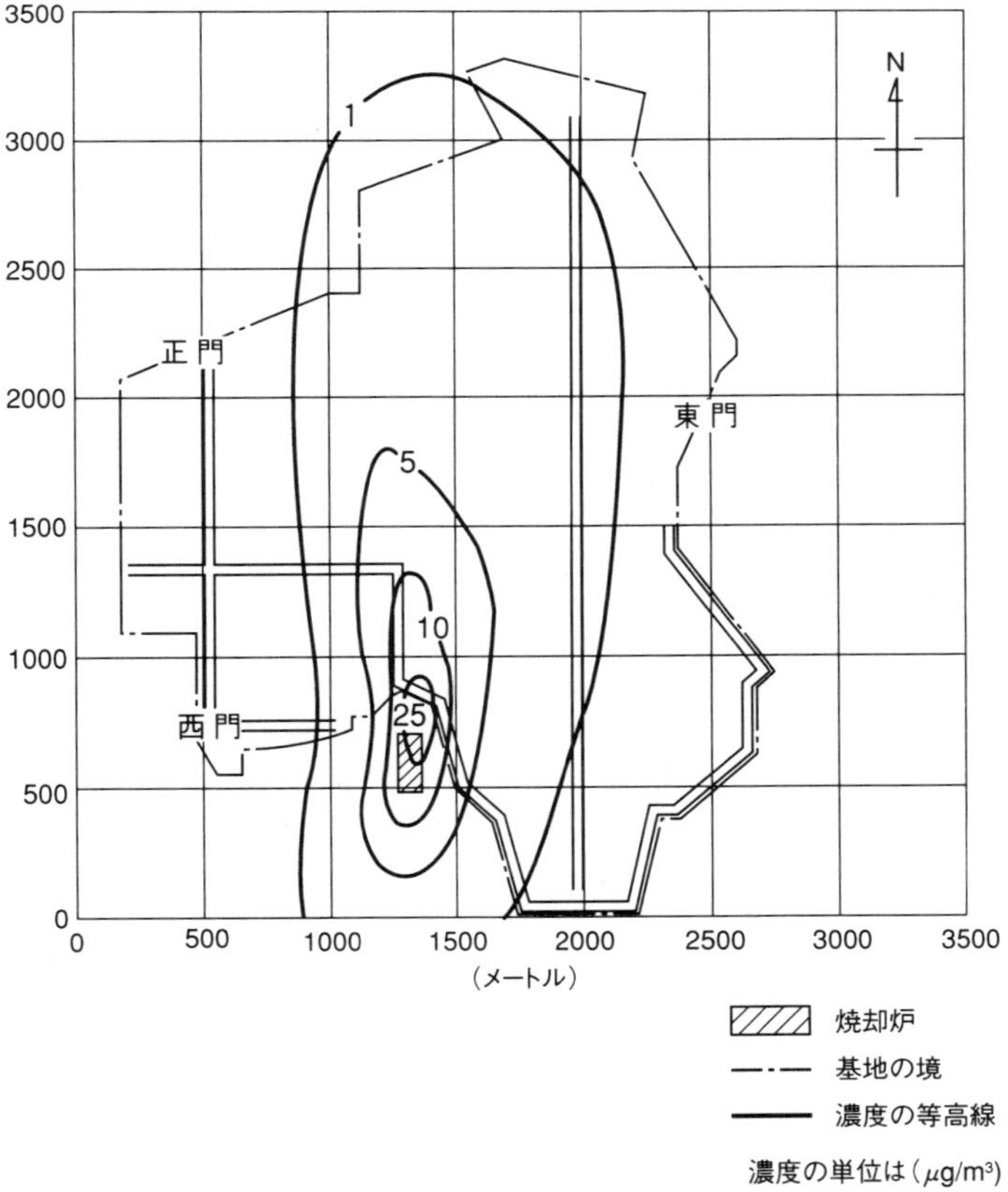

表4　厚木基地における汚染度

化学物質	最大汚染度（短期）	指針値（短期）	最大汚染度（長期）	指針値（長期）
四塩化炭素	7.82	1300.0	0.60	0.07
ベンゼン	64.0	30.0	3.55	0.12
ダイオキシン類	3.18 E -04		1.78 E -05	3.00 E -08
SO_2	3740.0	365.0+	227.0	80.0+
NO_x	5240.0		319.0	100.0+
塩化水素	1020.0	150.0	62.3	7.0
カドミウム	0.64	0.2	0.0386	0.0005
水銀	4.05	1.0	0.246	0.024
ニッケル	0.968	1.50	0.0589	0.02
PM-10	565.0	150.0+	28.2	50.0+
クロム	0.17	0.1	0.00709	0.1
ヒ素	0.206	0.2	0.00685	0.00023

単位はすべて（$\mu g/m^3$

た方が、行政の安全宣言よりも消費者の信頼回復につながることだろう。

また、米軍はダイオキシン以外の有害化学物質（ベンゼンなどの有機化合物、窒素酸化物、水銀やカドミなどの重金属など）もあわせて調査していた（表4）。焼却炉から排出されるダイオキシンを含む有害化学物質全体として、どれくらい危ないのかを見積もっていたのである。対象とする有害化学物質が増え、その分のリスクを足し合わせることになり、より厳しい評価になるが、この方が実態に即しているので取り入れた方がいいだろう。

(2)の補償制度については、すでにお手本があった。「らでぃっしゅぼーや」という有機野菜の宅配をしている「日本エコロジーネットワーク」（元衆議院議員の高見裕一氏が代表。九九年当時）である。「らでぃっしゅぼーや」は、野菜騒動後、所沢周辺の農産物を出荷停止にし、その農産物のダイオキシンを測定した。それと同時に一〇〇円カンパを消費者の会員に募り、集まった二七〇万円を生産者に渡した。何と国に先駆けて民間団体が補償制度をつくったのである。

(3)は、高濃度汚染地区の発生源を突き止め、環境中にばらまかれるダイオキシンを減らすということである。元から断つというわけだ。農地と隣接している場合には、行政が補助金を出して操業停止にする手もある。実際に所沢市はこれをスタートさせ、九九年八月、住宅地にも隣接していた「武蔵野解体」の煙突は撤去された。ただ違法操業をしていた悪徳業者に対しては、周辺住民に賠償金を支払わせるなど責任を取らせる必要がある。違法に燃やすだけ燃やしておいて止めるという「補助金のもらい得」では、モラルハザードを招くためだ。

こうした抜本的な対応策を進めることこそ、行政の本来の役割に違いない。ダイオキシン汚染の現実を直視し、徹底的な調査で汚染実態を明らかにし、農産物への補償をしながら、発生源の元から断つというわけだ。

一方、報道機関の使命は、時には独自調査を交えながら、抜本的対策の進み具合をチェックし、その結果を国民に伝えていくことであろう。

第4章

抜本的な対策実現を阻む人たち

1　野菜騒動の〝火消し役〟の中西準子教授

●テレビ朝日への損害賠償請求

焼却炉周辺のダイオキシン汚染は、近隣の住民、特に農家にとって死活問題といえる。しかも所沢だけではなく全国各地が抱えている問題であり、国レベルの抜本的な対応策が望まれているのは間違いない。

ところが、補償制度の導入に消極的であることをみてもわかるように、政府・自民党の動きは鈍い。また行政は実態を反映しない安全宣言を連発、焼却炉公害を水面下に押しやり、問題を先送りしようとしている。しかるべき立場にある人たちが焼却炉問題に本腰を入れて取り組み、きれいな空気や安全な野菜を求める住民や農家の願いに十分に答えているとは言いがたいのだ。

そんな自民党が本業そっちのけで取り組んだのは、テレビ朝日批判である。その急先鋒が当時の中川昭一農水大臣（北海道一一区）で、番組放映直後から、農水省食品流通局にはっぱをかけ、報道内容を徹底的に調べさせ（『日本農業新聞』二〇〇〇年二月二十二日付）、何度も質問状をテレビ朝日に送りつけた。また「野菜は安全、番組は誤報」という立場から、安全性を訴える所沢の農家を励まし（九九年四月二日）、損害賠償訴訟の実現に一役買った。

放送から七カ月後の九九年九月二日、所沢市などの農家三七一人は、ダイオキシン野菜騒動の発端となったテレビ朝日と環境総合研究所（青山貞一所長）を相手取り、一億九八〇〇万円の損害賠償などを求める提訴をした。虚偽の報道によって所沢産野菜が暴落した、というのが理由だった。

こうして二月一日放送のニュースステーションをめぐっては、法廷でも論争が戦わされることになった。野菜は安全とする原告側と野菜は危ないとみる被告側が、裁判で激突するというわけだ。

●〝安全宣言屋〟の誕生

こうした自民党や原告団農家を後押しする形になっているのが、大新聞に登場した「リスク論」の専門家と称する人たちやその受け売りライターらだ（代表的存在は横浜国立大学の中西準子教授と作家の日垣隆氏）。彼らは「冷静な議論を」「市民がリスクという概念を理解することが大切だ」などと専門家風を吹かせながら、行政の安全宣言にお墨付きを与え、騒動の火消し役を務めていったのである。

彼らの主張は、いかがわしい新興宗教をほうふつさせた。市民が「リスク論」を唱えると、まるでダイオキシン汚染の被害が消え去り、世の中が明るく見えてくるような調子だったからである。騒動の根底にある焼却炉問題を直視し、発生源にメスを入れるのではなく、問題から目を反らせる役を買って出たといえるだろう。そんなリスク論の〝教祖〟というべき中西教授は、野菜騒動について『日本経済新聞』でこう語ったものだ。

「所沢のダイオキシン騒動でも一番欠けているのは科学的な視点です。きちんとした調査をして、正確なデータを集め、それを科学的に分析・評価するのがまず出発点です。歯切れはよくないかも知れませんが、専門家の現状認識に耳を傾けることが必要です。たとえば、ホウレンソウのダイオキシンについて、ほとんど危険のない程度のものでも、専門家の的確な評価がないと、人々は不安から少しでもダイオキシンの数値の少ないものを求めます。すると、極端な例では汚染が少ない国からの輸入品が市場を席捲（けん）することになりかねません」（『日本経済新聞』九九年三月七日付）。

私は唖然とした。自分の論文などに書いた内容とは全く違うことを、これほど自信たっぷりに語れる人を見たことはなかった。もう一度、中西教授の書いたことを引用しよう。

「ダイオキシン濃度の高い排ガスを出す焼却炉周辺では、葉菜の摂取に気をつけた方がいい」

「この仮定のような場所（竜ヶ崎市をモデルにした焼却炉周辺）が現実にある場合に、一番効果が早い暴露量削減方法は、その地域で収穫された葉菜を食べないことである」

一言でいえば、焼却炉周辺の野菜は危ない、である。ところが『日本経済新聞』に登場した中西教授は「ホウレンソウのダイオキシンについて、ほとんど危険のない程度のもの」などと語り、葉菜類への評価はほとんど正反対になっていた。これを二枚舌といわずして、何といえばいいのだろうか。

『日本経済新聞』だけではない。『朝日新聞』でも似たようなことを話していた。

「ある野菜の汚染が高くても、まんべんなく食べれば問題はない。大気とか土壌という『環境』に一定の目標を定め、それを守れば安全に暮らせ、安全な食品ができるようにするのがいい」（『朝日新聞』九九年三月五日付）。

ここでも葉菜への否定的なコメントは消え失せ、「まんべんなく食べれば問題はない」という肯定的な評価に変わっていた。

よくもまあ『日本経済新聞』や『朝日新聞』といった大新聞が、こんな二枚舌教授のコメントを垂れ流したものである。この記事の担当者は（『日本経済新聞』は塩谷喜雄編集委員、『朝日新聞』は竹内敬二編集委員）、中西教授が書いた論文や資料には目を通していなかったのかも知れないが、ダイオキシン汚染のリスクを過小評価する片棒を担いだことには変わりはない。

先の中川農水大臣がこの記事を読んで「やっぱりオレの考えは正しかった。『野菜が危ない』といったテレビ朝日は誤報。食品の規制も補償制度も必要はない」と思っても不思議ではない。前章で紹介した農家の子供も「大学の偉い先生が新聞で『ほとんど危険のない程度』などと言っている。おじいさんの野菜は安全だったんだ」と安心して、焼却炉周辺の隣で採れた野菜を食べ続けることだろう。少なくとも野菜騒動前の中西教授の指摘、「焼却炉周辺では、葉菜の摂取に気をつけた方がいい」を一緒に紹介すべきだったのではないか。

●濃度規制と総量規制

また、「ある野菜の汚染が高くても、まんべんなく食べれば問題はない」という中西教授の指摘を突き詰めると、かつての公害問題における濃度規制と総量規制の話に行き着く。

公害が社会問題になって間もない頃は、濃度規制しかなかったため、企業は工場排水を水で薄めてタレ流した。たとえ高濃度の有害物質を含んでいても、大量の水を加えて濃度規制をクリアする対応でお茶を濁したのである。

しかしこれでは環境中に出ていく有害物質に歯止めをかけられない。そこで、工場から排出される全量で規制しようという動きが出てきた。世の中は「濃度規制」から「総量規制」へと移っていったのである。

ところが今回の野菜騒動で中西教授が持ち出してきたのは、〝前近代的〟な「濃度規制」の方だった。ある野菜が高濃度のダイオキシンで汚染されていても低濃度の汚染レベルの野菜とごちゃ混ぜにして食べれば、問題がないという考え方である。低濃度の野菜と足し合わせることで、高濃度の野菜を目立たなくしてしまおうというわけだ。

対照的な立場を取るのが、帯広畜産大学の中野益男教授や東京の牛乳産直グループである。九八年夏に中野益男教授は、焼却炉周辺の牧場で採れた牛乳はダイオキシン濃度が高いと学会で発表した。このことを新聞記事で知った牛乳の産直グループは、生産者に「焼却施設近くのダイオキシン濃度が高い牛乳は出荷停止にして、その分は消費者側と生産者側で痛みわけをしましょう」と提案した。

ところが申し出を受けた生産者側は「牛乳を混ぜ合わせているから（「合乳」と呼ばれる）、安全性に問題はない」として拒否した。この対応について中野教授は「高濃度のダイオキシンで汚染された牛乳を低濃度の牛乳と混ぜて出荷するのは、毒を薄めて出すようなもの」と厳しく批判した。

要するに中野教授や産直グループの考え方は、高濃度のダイオキシンで汚染された食品は出荷停止にして、その分は補償しましょうということである。問題が表沙汰になって一時的な混乱は避けられないとしても、高濃度汚染の原因追及を促し、ひいては発生源対策につながり、長期的にはプラスとみているわけだ。

農産物の規制（補償制度の必要性）については、二つの道があるようだ。中西流の「濃度規制」式で行くか、もう一つの「総量規制」式で行くか。どちらの道を選ぶかは、国民が決めることである。具体的には、選挙で所沢産野菜は安全としてテレビ朝日を追及した中川昭一氏（北海道一一区）や浅野勝人氏に代表される問題先送り派に一票を投じるか、否か、ともいえる。

●焼却炉起因を抑え目にして農薬起因を突出させる非常識

中西準子教授の特徴は他にもある。焼却炉から出るダイオキシンを過小評価する傾向があることで、その一例が同じ横浜国立大学の益永茂樹教授の試算をことあるごとに紹介することだ。図8を見て欲しい。このように、環境に排出されるダイオキシンには主としてゴミ焼却で発生するもの（「焼却炉起因」）と農薬中に含まれているもの（「農薬起因」）があるが、益永教授の試算では「農薬起因」の方が圧倒的に多いと推定されるというのだ。

ところが中西教授のお気に入りの図には、手品師まがいの手法が使われていた。「農薬起因」の方は独自調査で従来以上に見積もられたものだったが、もう一方の「焼却炉起因」は実態よりもはるかに少ない数値（厚生省や環境庁の年間総排出量。元データは京都大学の平岡正勝名誉教授の試算）をあてはめていたのだ。平岡氏のデータが実態に即していないことは、ダイオキシンを追っている人の間では常識に属する話なのに、である。「焼却炉周辺のダイオキシン汚染から農薬に世間の目を向けさせようとする意図が感じられる」という批判の声が出たのは当然だ。

あまりに非常識なことを堂々とやっているので、少し詳しく反論しておくことにする。実際は、二枚舌で非常識な研究者なのに、国立大学の教授という肩書きと自信たっぷりの語り口に信ぴょ

図8　ダイオキシン類の放出量の年変化
（毒性換算値。益永茂樹横浜国大教授の試算）

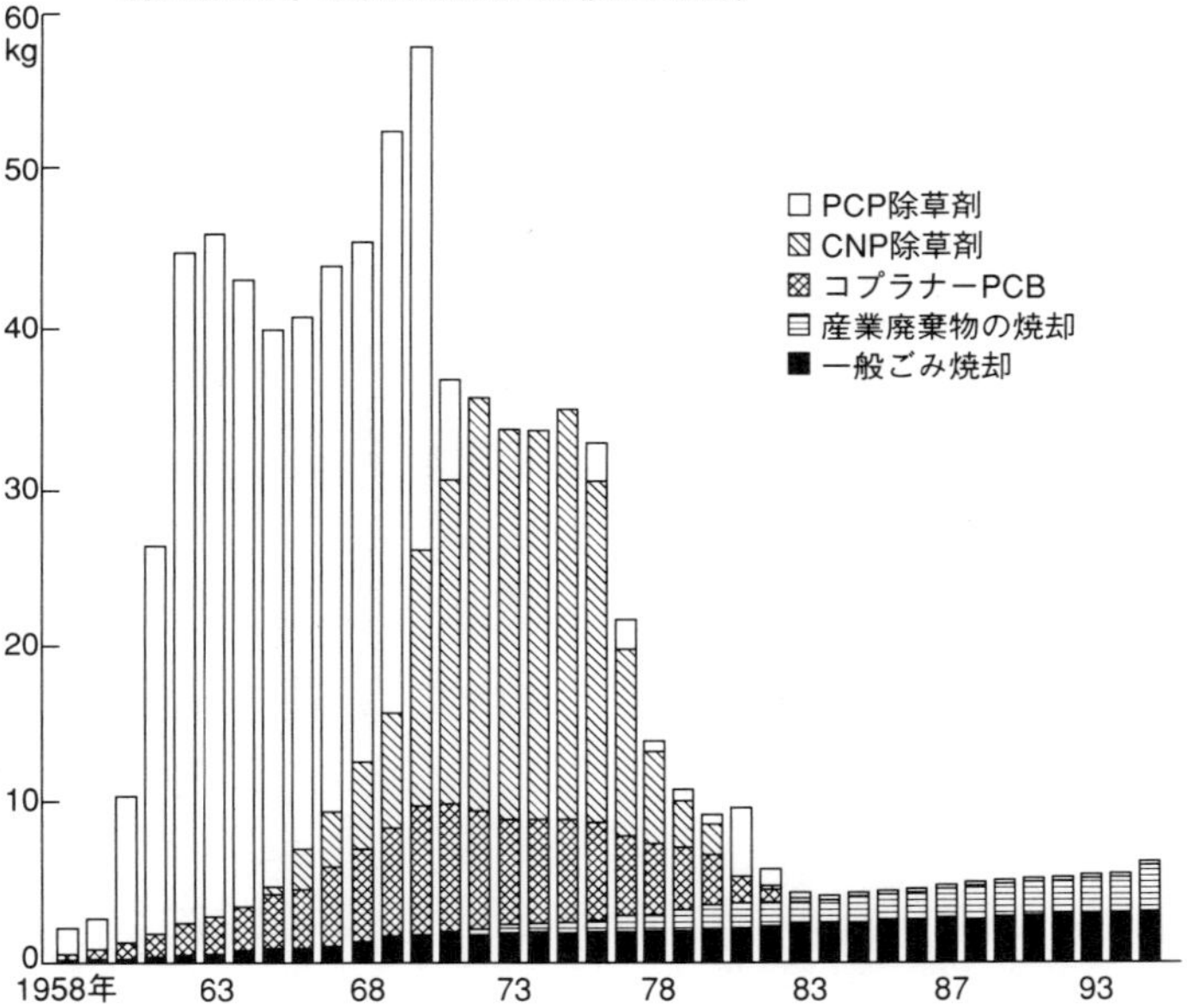

う性を感じているマスコミ関係者は少なくないと思えるからだ。

厚生省や環境庁の年間総排出量が少なすぎることは、『ダイオキシン汚染地帯』（緑風出版。初出は『文芸春秋』九八年六月号「所沢は日本のベトナムか」）で紹介した「西部清掃事業所」に目を向けるだけでよくわかる。この西部清掃事業所（所沢市の家庭ゴミ用焼却施設）は、九七年九月五日に『毎日新聞』がすっぱ抜いた「データ隠し」で有名だ。排ガス中のダイオキシン濃度が一立方メートルあたり一万二〇〇〇ナノグラム（以下、ng/m³。ナノグラムは一〇億分の一）という、恐るべき値をずっと隠し続けていたのである。

ちなみに「一万二〇〇〇ng／㎥」というのは、厚生省の暫定基準の百五十倍、ドイツの厳しい基準の十二万倍にあたる。これだけ高濃度の排ガスが煙突から出ていけば、周囲にばらまかれたダイオキシン総量も半端ではなくなる。実際、データ隠しの発覚後に所沢市は「平成六年度一年間に排出したダイオキシン量は五・三キログラム（推定値）」と発表した。ベトナム戦争の枯れ葉剤作戦（十一年間）でまかれた推定総量が「一六〇キログラム」だから、その三十分の一が一つの焼却施設から一年間に降り注いだことになるのだ。そして「一年間で五・三キログラム」というのは、厚生省や環境庁がいう年間総排出量（約五キロ）にほぼ匹敵する。全国で約一八〇〇ある自治体の家庭ゴミ用焼却施設のうち、たった一施設から出たダイオキシン量が、日本の年間総排出量とほぼ同じなのである。

これでは、厚生省や環境庁のデータを信じろという方が無理である。所沢の住民グループの間では、彼らの言うことは〝大本営発表〟並みと受け取られているのはこのためだ。

しかもこの「年間総排出量が約五キロ」が少なすぎる傍証は他にもある。西部清掃事業所の測定をした「中外テクノス」の報告書には、こんな説明が加えられていたグラフがあった。

「弊社が過去に測定した流動床式焼却施設のダイオキシン類測定値を図示し、本施設（所沢）における測定結果をプロットした。これによると、三系列の排ガス中及び集塵灰中のダイオキシン類濃度は高いレベルにある」

図9　中外テクノスの報告書

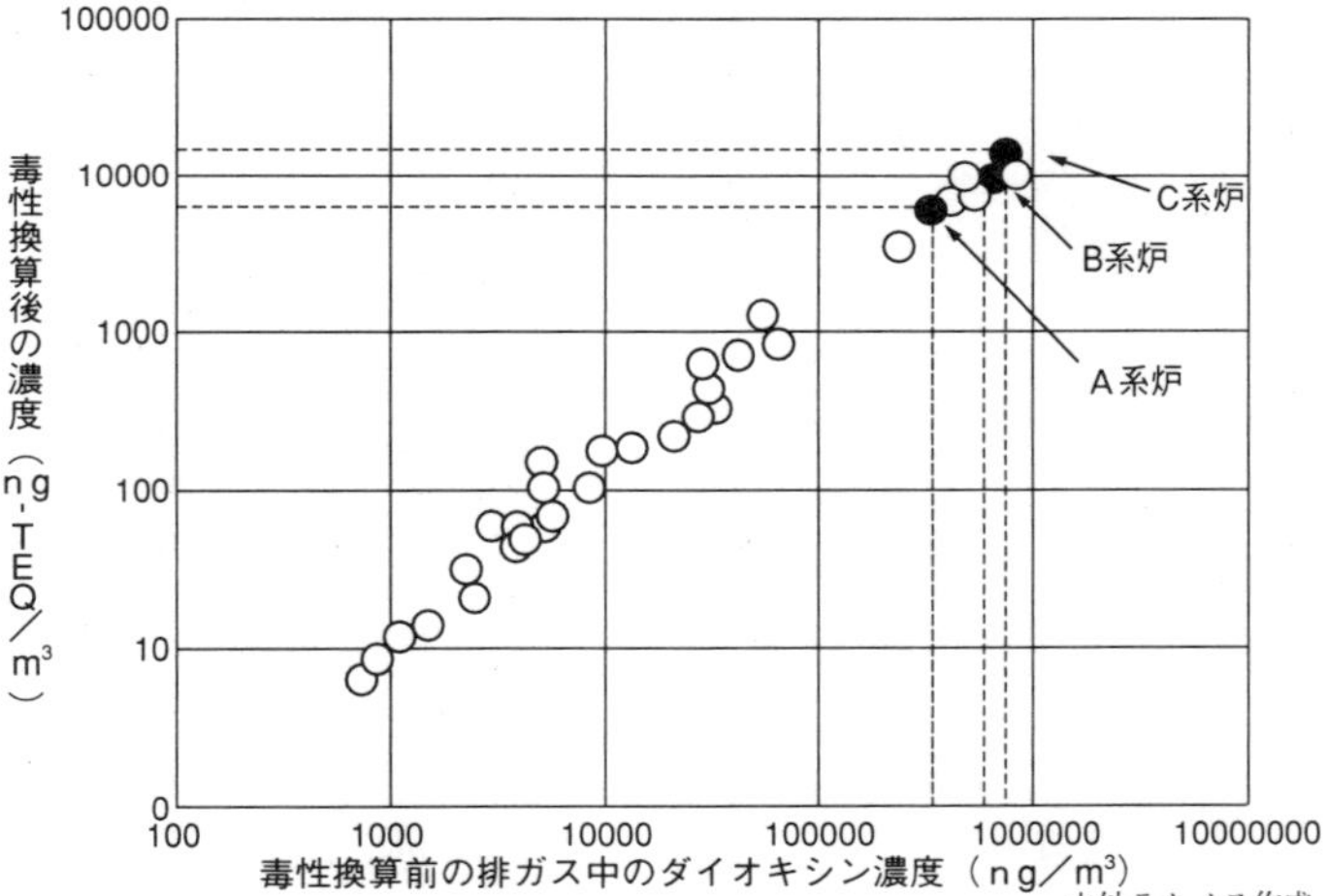

中外テクノス作成

そのグラフ（図9）をみると、驚くべきことに、西部清掃事業所と同じくらいの高濃度のデータ（五七〇〇ｎｇ／㎥から一万二〇〇〇ｎｇ／㎥の間）が他にも四点ほどあった。これは、年間キログラム単位のダイオキシンを出す劣悪な焼却炉が、西部清掃事業所以外に少なくとも四カ所あることを意味する。

やはりというべきか、記事が出た後に文藝春秋編集部に寄せられた情報により、所沢市の隣の埼玉県入間市の「宮寺清掃事業所」でも平成五年度に四八〇〇ｎｇ／㎥のダイオキシン濃度を記録していたことが明らかになった。この数値からダイオキシン排出量を計算すると、約一・五キログラムになっていた。宮寺清掃事業所だけでも、全国の年間総排出量の三分の一である。すぐ隣の市にもあったくらいだから、年間で一キログラム以上のダイオキシンを出している劣悪焼却施設が全国に点在していた可能性はさらに高まった。

ところが中西教授は、厚生省や環境庁のデータが実態を反映してないことには目を向けず、「焼却炉起因」にはいい加減な官庁データをあてはめ、もう片方の「農薬起因」については益永教授の独自調査による試算データをはめこんだ。別に「農薬起因」の見直し自体が悪いといっているわけではない。どちらが多いのかを示したいのなら両方とも実態とあうようするか、少なくとも「焼却炉起因」のデータは実態よりもはるかに少ないと断わるべきだろう。「農薬起因」は厳しく見直した数値、「焼却炉起因」は甘く見積もったデータでは、明らかな二重基準（ダブルスタンダード）である。

●中西教授はデータの魔術師？

有名な手品に、右手で天井の方を指さして「鳥だ！」と叫びながら、左手で背広の内ポケットから小鳥などを取り出すというものがある。ここで使われるのは、「ミス・ディレクション」（誤った方向）と呼ばれるテクニックだ。つまり目立った動作で客の視線を手品師の意図する方向に転じさせ、反対側でこっそり仕掛けをするのである。

中西教授がやったことは、基本的にこれと同じである。「農薬起因こそ重要だ！」と大声で叫びながら、一方の「焼却炉起因」にはとてつもなく低い数値をあてはめ、世間の注目を「農薬起因」に転じさせようとしたというわけだ。使ったテクニックは「焼却炉起因」を抑え目に「農薬起因」は突出させること。中西教授のお気に入りの図をみた〝観客〟（読者）は、なるほど「焼却炉起因」は地をはうような量でしかなく、はるかに大きな「農薬起因」に比べて大したことはないと思うに違いない。

こんな手品師顔負けの図を、『朝日新聞』はよく載せたものである。塩ビ業界とタイアップした全面広告ならまだしも、普通の紙面であれば、「焼却炉起因」を厳しく見直したデータと抱き合わせるか、最低でも「焼却炉起因」のデータは実態よりもはるかに少ないと断わるべきである。

しかもその気さえあれば、「農薬起因」と同じような試算は「焼却炉起因」でもできる。

横浜国大の永益教授はどのように農薬起因のダイオキシン量を算出したのか。まず農家が保管してあった過去に生産された農薬中のダイオキシン濃度を測定し、次に、測定したダイオキシン濃度に年ごとの農薬生産量をかけあわせて、その年の全農薬中のダイオキシン量を見積もった。測定していない農薬も同じダイオキシン濃度だったと仮定したのである。「一を聞いて百を語る」ということわざがあるが、ごく一部の農薬の濃度を測って全農薬中のダイオキシン量を推定したのだ。

こうした推定は、「焼却炉起因」でも可能である。ここでは、先に紹介した「中外テクノス」の報告書の図9（『文藝春秋』でも掲載済）を元に、焼却炉から出る総排出量を見積もってみよう。

この図9にプロットされた測定点は全部で三三点。そのうち高濃度（数千ｎｇ／㎥）の測定点が西部清掃事業所分で三つ、場所不明の焼却炉が五つ、合計で八点であった。残りの二五点が比較的低濃度の測定点である。これを元に劣悪焼却炉の割合を見積もると、三三点中の七点、全体の約二〇％を占めると考えられる。

この割合（二〇％）を全国にある約一八〇〇の焼却施設にあてはめると、高濃度のダイオキシンを排出した（年間排出量一キロ以上と推定される）劣悪焼却炉は三六〇施設ほど。一施設で年間一キログラム以上のダイオキシンを出していたと見積もれるから、全国で三六〇キロ程度のダイオキシンを排出していたという推定結果となる。

ダイオキシン測定メーカーの数（主だった測定会社は全部で約二〇社）からアプローチする手もある。これらのメーカーは、談合疑惑が持ち上がったくらいであるから、ほぼ仕事を均等に分け合ってきたと考えられる。そして「中外テクノス」は一社で、西部清掃事業所の分（測定点は三点）として五・三キログラム、同レベルの場所不明の分（測定点は五点）と合わせて約一〇キログラム分の測定をしたのは間違いない。「一社で約一〇キログラム」ということである。これを全部の測定メーカーにあてはめると、二〇社分で二〇〇キロの排出量となる。全国の焼却炉ベースで推定した三六〇キログラムとそう大きな差はない。少なくとも桁は同じである。

「一を聞いて百を語る」方式の推定を行なえば、「焼却炉起因」の排出量の方も数百キログラムという結果になるのだ。益永教授が厳しく見直した「農薬起因」と同等か、それ以上の量である。公平な推定をすれば、農薬起因が焼却炉起因よりも多いという結論にはならないだろう。

ところが中西教授は、同じ土俵で比べられない試算を並べて「農薬起因」が圧倒的に多いとアピール、「焼却炉起因」から「農薬起因」向けにダイオキシン対策を転換すべきだと今でも訴え続けている。転換すべきは、本人の偏った比較手法ではないか。

●塩ビ業界誌でもデタラメ記事を寄稿

それにしても、なぜ中西教授はここまで「焼却炉起因」から「農薬起因」に目を転じさせようとするのか。少なからぬ人たちが指摘するのは、中西教授と塩ビ業界の関係である。

塩ビ業界は、年間一〇億円、五〇〇人体制で広報活動を展開している。理由は明白。塩ビが混じったゴミを燃やすとダイオキシンが発生するため、住民グループや環境保護団体などから「塩ビはダイオキシン汚染の主原因の一つ」と批判され、「ヨーロッパのような塩ビ規制をすべきだ」という声があがっているためだ。こうしたダイオキシン削減運動に対抗して、「塩ビは地球にやさしい」というキャッチフレーズを掲げ、懸命に〝火の粉〟を振り払おうとしているのである。

その塩ビ業界が発行する雑誌に中西教授は寄稿したり、関連業界主催の講演会の講師を引き受けたりもしていた。少なくとも中西教授は、講演料や原稿料という形で業界から金を受け取っていたのは間違いない。しかもその塩ビ業界誌（「ＰＶＫ　ｎｅｗｓ」九八年三月号、塩化ビニル環境対策協議会）でも、手品師まがいのことを中西教授はしていた。ここでは「ＤＤＴやＰＣＢの方が危ない」と叫び、世間の関心を別の方に向けさせようとしていたのだ。中西教授はこう書いていた。

「大変残念なことですが、母乳の汚染は決していま始まったことではありません。母乳は、DDTやPCBといった、ダイオキシンと同等かそれ以上の毒性を持つ物質で長い間汚染されてきました」

取り上げたネタは違ったが、ここでも中西教授は「ミス・ディレクション」（誤った方向）のテクニックを駆使していた。「DDTやPCBの毒性はダイオキシンと同等以上だ！」と叫んだのである。しかし素人は騙せても、ある程度知っている人にはお笑い草の主張だった。ダイオキシン問題を担当する厚生官僚でさえ「DDTやPCBの毒性がダイオキシン以上だというのは、何が根拠なのですかね」と呆れていた。

ここでも突飛な主張をしていたので、ごく初歩のリスク論の説明をしながら、〝手品〟のタネ明かしをしていくことにしよう。有害化学物質の影響を考える場合、「ハザード」と「リスク」を区別して、両面からみることが重要である。「ハザード」とは化学物質自身が持つ重量当たりの毒性の強さで、一方、「リスク」は「ハザード」に取り込む量（曝露量）をかけたものである。なぜ「リスク」が必要になるのかは、糖尿病患者を思い浮かべるといいだろう。

ある糖尿病患者の食事改善をすることになったが、チョコレートとビールのどちらをまず減らすのかという話となった。この患者に聞いてみると、次のようなことがわかった。

「チョコレートは、一グラムあたりのカロリーは多いが、食べる量は少ないため、摂取するカロリーはビールより小さい。ビールは、一グラムあたりのカロリーは少ないが、飲む量が多いため、摂取するカロリーはチョコレートを上回る」。

当然、重量あたりのカロリーは少ないものの、影響度がより大きいビールから手を付けるという結論になる。同じようなことは、有害化学物資を取り込んでいる場合にもいえる。

ここにAとBという有害化学物質があって、どちらの対策を優先させるべきかを決めないといけなくなった。二つの物質の特徴は次の通りである。

・Aは、重量当たりの毒性（ハザード）は強いが曝露量が非常に少ないため、リスクはBよりも小さい。
・Bは、重量当たりの毒性（ハザード）は弱いが曝露量が非常に大きいため、リスクはAよりも大きい。

もし重量当たりの毒性である「ハザード」だけしか頭になければ、Aの対策を優先することになるだろう。ところが人間への影響度合に対応する「リスク」に注目すれば、この値が大きいBを優先すべきだ

表4　わが国の乳児が母乳から摂取する重金属や農薬などの推定摂取量と摂取許容量の比較

	一日推定摂取量（ng/kg体重/日）	一日摂取許容量（ng/kg体重/日）	一日推定摂取量／一日摂取許容量
ＤＤＴ	1680	20000	8.4％
ＰＣＢ	576	5000	12％
ﾀﾞｲｵｷｼﾝ	0.12	0.01	1200％

出典）『母胎汚染と胎児・乳児』長山淳哉著の269頁の一部

という結論になる。重量あたりの毒性の強弱だけでなく取り込まれる量（曝露量）も考慮したリスクによって、対策の順位を決めるのが好ましいというわけである。リスクが必要なのは、こうした逆転現象が起きうるためである。

それでは、中西教授の言うようにＤＤＴやＰＣＢの毒性はダイオキシンの同等以上なのだろうか。ここで「ＤＤＴ」は殺虫剤の一種、「ＰＣＢ」はポリ塩化ビフェニールのことで電気部品などに使われた物質であるが、結論からいうと、ダイオキシンはハザードでも第一位、リスクでも第一位なのである。中西教授が塩ビ業界誌に書いたことは間違いなのである。母乳中に含まれる有害化学物質のデータ「わが国の乳児が母乳から摂取する重金属や農薬などの推定摂取量と摂取許容量の比較」（『母体汚染と胎児・乳児』長山淳哉著の二六九頁より）をみてみよう。

表5の一番左の「一日推定摂取量」が、乳児が母乳から取り込む有害化学物質の推定量。隣の「一日摂取許容値」は、超えると好ましくない規制値にあたる。ここで許容量は、それぞれの有害化学物質の重量あたりの毒性（ハザード）から決まってくる。ハザードが強いと許容量は小さく、ハザードが弱いと許容量は大きくなる関係にある。至上最強の毒物といわれるダイオキシンの許容量（単位は、ng／kg体重／日）が「〇・〇一」と非常に小さいのは、このためである。これに比べ、中西教授が挙げた「ＰＣＢ」の許容量は「五〇〇〇」、「ＤＤＴ」は「二〇〇〇〇」とはるかに大きい。ＰＣＢはダイオキシンの五〇万倍、ＤＤＴは二〇〇万倍摂取しても大丈夫といえる。毒性（ハザード）ではＤＤＴやＰＣＢはダイオキシンに到底及ばないのである。

それでは、人間への影響度に対応するリスクはどうなのか。これは、摂取量が許容値をどれくらいオーバーしているのかで割り出せる。これが一番右にある「摂取量／許容量」である。つまり一を超えると許容値オーバーになり、この度合いが大きいほど危ない（リスクが大きくなる）。

この「摂取量／許容量」をみると、ＰＣＢは許容量の一二％、ＤＤＴは八・四％であるのに対し、ダイオキシンは何と許容値の一二倍（一二〇〇％）になっていた。要するにダイオキシンは、「ハザード」でも「リスク」でもＤＤＴやＰＣＢを上回るのである。中西教授が塩ビ業界誌に書いた「ＤＤＴやＰＣＢといった、ダイオキシンと同等かそれ以上の毒性を持つ物質」という部分は誤りなのだ。

●「『環境ホルモン』空騒ぎ説」もデタラメ

データの魔術師というべき中西準子教授の〝活躍〟は続いた。塩ビ業界誌に寄稿した約半年後、今度は『新潮四五』に舞台を移し、「『環境ホルモン』空騒ぎ説」（九八年十二月号）を書いていた。媒体は変わったが、やっていること——ダイオキシン（特に焼却炉起因）を過小評価——は基本的に同じだった。

ただし表現はかなり過激になっていた。例えば、リードで「怖いのはマスコミや一部市民団体のばらまく〝思考力麻痺ホルモン〟ではないか」と切り出し、本文でも「新聞、雑誌、ＴＶなどでダイオキシンについて言われていること、そこに登場する学者の言っていることは、あまりにも大げさで九割方違っていると思う」「ごみ焼却炉周辺は世間で騒がれているほど危険性が高くないと結論づけられると考えられる。」などという具合だ。まさに、ダイオキシン問題に取り組み、塩ビ業界に規制を求めていた市民団体やマスコミや学者を批判する〝斬り込み隊長〟を買って出たのである。

また記事の中で、具体的な焼却炉周辺地域として、茨城県竜ヶ崎市と埼玉県所沢市をあげたため、両地区の住民からこんな反発の声が上がった。

「焼却場周辺の住民が次々とガンで亡くなっています。その現地も見ないでまとめた推測記事。国民の税金で研究している国立大学の教授が、国民の命を軽んじるような記事を書くとはどういうことだ」（「竜ヶ崎自然と環境を守る会」事務局の金子保広氏）

「中西先生は、東京大学の助手時代（約三十年前）からずっと公害問題に取り組んできたのに、なぜこんなことを書いたのか理解できません。本当に『空騒ぎ』なのか、是非、現場をご覧になって欲しいと思います」（所沢の産廃施設密集地「くぬぎ山」の近くに住む小谷栄子氏）

もちろんマスコミ報道や学者の発言が本当に「九割方違っている」のであれば、それを指摘するのは悪いことではない。ただ、こう指摘する中西教授の方が疑問だらけというのでは、笑い話にしかならない。実際には、〝思考力麻痺ホルモン〟が回っているのは中西教授自身ではないか、と思えるところはいくつもあった。

●「空騒ぎ」とする根拠と中西流の数字操作

例えば、中西教授が「空騒ぎ」とする根拠の一つとして、焼却炉周辺住民のダイオキシン汚染度（推定値）をあげていた。茨城県竜ヶ崎市の焼却炉周辺（半径〇・二キロ〜一キロ以内）において「国内最悪と思える状況を想定」、住民の一日あたりのダイオキシン摂取量を推定したところ、想像したほど高くはならず、「ごみ焼却炉周辺は世間で騒がれているほど危険性が高くない」と結論づけたのである。主な仮定と結果は、次の通りであった。

【仮定】

(1)　焼却炉排ガス中のダイオキシン濃度は、四〇〇〇ナノグラム／立方メートル（「例のないほど極端に高く設定」と強調）。

(2)　四十歳の時に近くの焼却炉が稼働し、その後、三十年間居住した七十歳の人を想定

【生涯平均一日摂取量】

一般人（通常地区に居住）　一七五ピコグラム／日

焼却炉周辺住民　二四七ピコグラム／日

つまり焼却場周辺住民でも一般人の一・五倍弱にすぎないので、それほど危険性は高くないだろうという結論を下したのである。

しかしこの結果は、にわかに信じがたいものだ。普通、煙突出口のダイオキシン濃度が高くなると、人間が吸い込む地点でのダイオキシン濃度も増え、大気経由の摂取量は増加する。今回の推定では、排ガス濃度を「例のないほど極端に高く」設定したのだから、大気中のダイオキシン濃度、ひいては大気経由の摂取量も大幅に増加し、全体の摂取量（食物経由と大気経由などの合計）も跳ね上がると思えるのに、たかだか五割弱の増加に止まっていたのだ。

何かおかしいと思って推定のプロセスを辿っていくと、いくつかの仕掛けによって大気経由の摂取量が低くなっていることがわかった。

まず仮定に仕掛けがあった。

ダイオキシン問題を追っている人なら、仮定一の「四〇〇〇 ナノグラム／立方メートル」を見て唖然とするだろう。排ガス濃度「一万二〇〇〇 ナノグラム／立方メートル」を出していた所沢市西部清掃事業所の話（九七年九月五日付の『毎日新聞』がデータ隠しをスクープ）を知らないのか、ということである。「国内最悪」というなら、少なくとも三倍の「一万二〇〇〇ナノグラム／立方メートル」にすべきである。

なぜ「四〇〇〇ナノグラム／立方メートル」になるのかと考えているうちに、厚生省のデータの最高値がほぼこの値であることを思い出した。中西教授は、中央官庁のデータしか信用しない〝行政データ信奉主義者〟なのかも知れない。

また仮定⑵（全生涯の半分弱の三十年間、焼却炉が稼働）も、「生涯平均一日摂取量」を半減させる働きをしていた。生まれた時からずっと焼却炉が稼働しているという仮定なら、大気経由の摂取値はほぼ倍増するからである。

次のステップである計算過程でも「希釈倍率」が異常に大きくなっていた。ここで「希釈倍率」とは、煙突から出た排ガスが地面近くに到達するまでに何倍薄まるのかを示す値で、この倍率が大きいほど地表でのダイオキシン濃度は低くなる。厚生省は排ガス濃度の許容値を決める際、希釈倍率を二〇万倍としたが、何と中西教授の推定では八〇万倍になっていたのだ。

	煙突出口濃度 ナノグラム／立方メートル	地表濃度 ピコグラム／立方メートル	希釈倍率
厚生省	八〇	〇・四	二〇万倍
中西教授	四〇〇〇	五・〇	八〇万倍

これについて環境総合研究所の所長・青山貞一氏（大気環境論）は、こう語る。

「厚生省の四倍の希釈倍率なら、当然、大気経由の摂取量は少なくなる。ただ煙突が高い、風が強いといった条件が揃わないと、八〇万倍にはならない。厚生省の二〇万倍にしても少ない事例を基に計算した値で、本来なら個々の焼却炉における煙突の高さや排ガス量、それに風向風速や大気安定度といった気象データを用いて、地表でのダイオキシン濃度を推定しないといけない」

ところが中西教授の論文にもホームページにも、八〇万倍の根拠は示されていなかった。

また現地調査をすれば、必ず考慮していたであろう地理的な因子も無視されていた。地元住民は、こう語る。

「焼却炉周辺は、丘と丘の間に家が建ち並んでいます。夕方、その窪地に煙がどんよりと漂うことがありました。そんな時が臭いがひどかった」(「竜ヶ崎自然と環境を守る会」会長の横田誠氏)

これは、窪地が煙の吹き溜まりとなり、ダイオキシンなどの有害化学物質濃度が平均よりも高くなっていた可能性を示すものである。こうした特殊な地形では、希釈倍率は厚生省の値よりも逆に小さく(煙中の有害化学物質が薄まらない方向)、大気経由の摂取量は平均より大きくなる可能性があるのだ。

しかもこのことを示唆する住民の独自調査もなされていた。「竜ヶ崎自然と環境を守る会」事務局の金子保広氏は、焼却炉周辺でガンで亡くなる人が多いことを耳にして聞き取り調査を開始、近所の家を一軒一軒訪ねていった。すると、焼却炉の風下の窪地にガンで亡くなった人が多い傾向が見いだせた。ダイオキシン濃度が高いと地理的に予想され、実際に臭いがひどかった地区と、ガンで亡くなった方の家の場所がほぼ重なりあったのである。

さらに竜ヶ崎市議の披田慎一郎氏の案内で焼却施設内に入ると、九八年十二月にやっと操業停止したエントツには不完全燃焼を物語る黒いススがこびりつき、むき出しのパワーシャベルが隣に並んでいた。抜田氏はこう説明する。

「焼却施設の精密機能検査では、不完全燃焼で発生する一酸化炭素濃度が二五〇〇ｐｐｍ（一ｐｐｍは〇・〇〇〇一％）を超えていました。これは『黒い煙がもくもく出ていた』という住民の証言と一致します」

不完全燃焼だと黒い煙となり、一酸化炭素濃度も高くなって、ダイオキシン濃度も増えるとされる。なお一酸化炭素濃度二五〇〇ｐｐｍというのは、先の所沢市西部清掃事業所で記録した最大値と同程度。「国内最悪」という出発点の仮定だけは、そう外れていないようだった。

中西教授が取り上げた、もう一つの焼却炉周辺地域「所沢」の現状も確かめてみた。厚生省の規制強化（九八年十二月）の後、夜間に焼却が行なわれようになったと聞いたため、住民の案内で「深夜の産廃めぐり」に出かけたのである。

すると、関越インターから市の中心街に向かう浦和所沢街道沿いの産廃施設（「東所沢駅周辺」）でも、市の北境にある「くぬぎ山」の焼却炉でも、闇にまぎれて煙を吐き出していた。焼却炉のすぐ隣に、子供たちがミニサッカーをしているスポーツ施設や老人ホーム、そして人家があるのには驚いた。とても希釈倍率「八〇万倍」に収まらないことは明らかだった。一部には焼却を停止した施設もあるが、「設備をつけて規制をクリアした後、再び焼却をする業者が多いようです」（所沢住民）ということで、焼却炉銀座という汚名を返上するまでには至ってはいなかった。

要するに中西教授の推定調査というのは、最初に「国内最悪の状況」とぶちあげ、次にいくつかの仕掛けによって汚染度を低くしていくものであった。こうして大気経由の摂取量は一桁ほど小さくなり、結局、焼却場周辺住民のリスクは実際よりも過小評価されることになるのだ。

●発ガンリスクは水道水と同じ

『『環境ホルモン』空騒ぎ』には「発がんリスクは水道水と同じ」という小見出しもあったが、これも、データの魔術師の本領発揮というところである。これを見れば、ダイオキシンの発がんリスクは取るに足らないと印象づけられる。しかし問題は「水道水」の中身である。本文を読んでいくと、「八〇年代終わりの東京都金町浄水場の水道水」とあった。水問題に詳しい人なら、この時点で中西教授の〝タネ〟を見抜けるであろう。

八〇年代終わりといえば、塩素消毒で発生する有機塩素系物質（トリハロメタンが有名）の発ガン性が問題になった頃であり、また金町浄水場は有機塩素系物質の全国ワーストランキングに入っていた。そして水問題の研究者として中西教授は八六年八月十六日号の『週刊現代』に登場、「（金町浄水場には）未処理の下水が入ってくる信じがたい状態。これが飲み水になるのかと思うと絶望的になる」などとコメントしていた。そんな警告が社会的な注目を集めたためだろう、次第に水の処理法は改善され、水道水の発がんリスクは減少して現在に至っている。

要するに中西教授は、「ワーストランキングに入っていた絶望的な水道水」を「水道水」の代表にし、ダイオキシンの発がんリスクは大したことはないと印象づけようとしたのだ。

●「ゴミ焼却炉主因説」の否定

続いて中西教授が飛びついたのが、九八年の春に厚生省が発表した「母乳中ダイオキシン類の経年変化」（分析は大阪府公衆衛生研究所）である。これは、二十五年の間にダイオキシン類が半減したというもので、その理由として中西教授は、農薬の不純物がダイオキシンの主原因であり、それが生産中止になったことなどをあげた。

しかしこのデータのサンプル数は、一年あたり約三〇にすぎない。これをもって日本人一億人の傾向とするのは、「一を聞いて百を語る」どころか「一を聞いて数百万を語る」ようなものである。しかもサンプル提供者の居住地は不明である。たまたま農薬起因のダイオキシンを多量に摂取した農村部の母親が含まれていたので、低下傾向となったという解釈も成り立つだろう。

もし最近のサンプル提供者に焼却炉周辺の母親が何人もいたら、逆に増加傾向に転じていた結果もありうる。もちろん居住地別に分けて経年変化をみればいいが、もともと少量保存しておいたものを混合して分析したため、それも無理な話である。こうした事情からすると、この母乳濃度半減をすぐさま全国的な傾向と決めつけ、「昔の方がもっとひどかった」「主な発生源はゴミ焼却炉ではない」などと主張するのはかなり大胆といわざるをえない。少なくとも「一年あたり約三〇のサンプルにおける傾向ではあるが、これを全国平均と仮定した場合」などと中西教授は断わるべきだろう。

手品師まがいの手法をいくつかみてきたが、要するに中西教授というのは、焼却炉周辺の汚染度を過小評価し、いわくつきの事例を引っぱり出しながらダイオキシン（特に焼却起因）のリスクを小さいと印象づけしようとしていることがわかる。本来ならダイオキシン汚染の責任を取るべき行政や焼却炉メーカーや塩ビ業界の責任を軽減する役割をしているのだ。こうした人たちは、〝権威〟ある国立大学の教授が書いた「『環境ホルモン』空騒ぎ」を振りかざしながら、「ごみ焼却炉主因説はウソだ」「住民は空騒ぎをしているだけ」などとふれ回っていくに違いない。中西教授は国民の税金を使って研究をする立場でありながら、一部の集団の利益に貢献する御用学者に成り下がったといえるだろう。

2　受け売り、デッチ上げライターの日垣隆氏

この中西教授と似通ったことを書いてダイオキシンのリスクは大したことはないと印象づけようとしているのが作家の日垣隆氏である。ご両人で二人三脚を組んで、ダイオキシン汚染の抜本的対策を打つべき行政や産廃業者や塩ビ業界の責任を軽くするのに精を出しているようなのである。両者の類似箇所を並べてみた。

中西教授の寄稿（『ＰＶＫ　ｎｅｗｓ』九八年三月号、塩化ビニル環境対策協議会）

「大変残念なことですが、母乳の汚染は決していま始まったことではありません。母乳は、ＤＤＴやＰＣＢといった、ダイオキシンと同等かそれ以上の毒性を持つ物質で長い間汚染されてきました」

日垣隆氏の「ダイオキシン猛毒説の虚構」（『文藝春秋』九八年十月号）

「私たちの体内にも、残念ながら育児中の母乳にも、ディルドリンやクロルデンなど無数の有害化学物質が含まれている。また母乳は従来から、ダイオキシン以上に人的被害が大きいＤＤＴ

やＰＣＢに汚染されてきた」

どうも日垣氏は中西教授の間違いに気がつかず、ＤＤＴやＰＣＢがダイオキシンと同等以上の毒性を持つと信じ込んで、若干表現を変えて受け流したようだ。ちなみに中西教授は、この「猛毒説の虚構」を先の「『環境ホルモン』空騒ぎ」で称賛、息のあったところをみせた。

また日垣氏は「ダイオキシンが（中略）殺虫剤や除草剤より危険かつ有害だ、と堂々と主張できる科学者はおそらくいないだろう」（「猛毒説の虚構」）と書いて、恥の上塗りをしていた。九州大学医療技術短期大学部の長山淳哉助教授は、先に紹介したようにダイオキシンがＤＤＴやＰＣＢや農薬よりもハザードもリスクも高いと『母胎汚染と胎児・乳児』の中で指摘していたからである。

さらに「猛毒説の虚構」では、「ダイオキシンをいくら攻撃しても誰も困らない」と塩ビ業界にも笑われそうなことを書いていた。困っていないなら、なぜ塩ビ業界は「塩ビは地球にやさしい」をキャッチフレーズにした広報宣伝活動に年間一〇億円もかけているのか。塩ビ製品がダイオキシン発生の一因と認識され、その規制を求める声が高まり、国会でも取り上げられるようになるなど、ダイオキシンへの攻撃が激しくなったためではないのか。

現実には塩ビ業界と塩ビ規制派の対立があるのに、「ダイオキシンを攻撃しても誰も困らない」とノー天気なことを書いた日垣氏は、塩ビ業界から金をもらっているか、よっぽど無知かのどちらかしかないのだろう。実際、「猛毒説の虚構」を読んだ所沢の住民や知り合いの記者は「日垣氏は塩ビ業界の御用ライターではないか」「この人は何も分かっていない」などと呆れていた。

こうした声は当人まで伝わったらしく、「大企業からカネをもらっているのだろう、という類の噂を流すこともしてくれた」と日垣氏は『敢闘言』（太田出版）で書いていた。ここまで疑われたことを知っているのなら、まずは自分の非を認め、誤りを修正してもよさそうなものである。ところが「猛毒説の虚構」が『買ってはいけないは嘘である』（文藝春秋）という本になった時も、この部分はそのまま載っていた。無償か有償かはわからないが、塩ビ業界の広報宣伝役をやり通す覚悟のようである。

●塩ビ業界誌の趣の『文藝春秋』

情けないのは、文藝春秋である。塩ビ業界誌の寄稿文に若干手を加えたくだりや、明らかに間違った部分を最初は月刊誌で、次は単行本でそのまま掲載してしまうのである。チェック能力のなさを告白しているに等しいだろう。

実は、文藝春秋の内部でも「日垣論文（「猛毒説の虚構」）はあまりにもひどい。短期的には物珍しさで売上げが伸びても、長期的には信頼を失ってマイナスだ」という声があった。この筋からの勧めもあって反論企画書を出して、文藝春秋編集部と打ち合わせをしたところ、編集長（当時）は「反論だと際限なく続く可能性があるので対談で行きましょう」と提案、対談が実現することになった。これが、日垣氏と摂南大学の宮田秀明教授と私の三人で対談した「『ダイオキシン・パニック』大論争」（『文藝春秋』九九年一月号）である。

その企画の打ち合わせで、「立花隆さんは日垣論文を読んでいないのですか」という質問が出た。すると編集長は、「立花さんは『いつもの文藝春秋のやり方だろう。一目見ただけで内容がわかる。読む気もしない』と言っていた」と答えて、にやりと笑った。

それにつられて私も笑った。文藝春秋編集部は、日垣論文がデタラメであることにうすうす気がついていた。世間をあっと驚かせる〝文春商法〟で掲載したことも、立花氏に見透かされていた。いわゆる確信犯である。

こんなこともあった。『『ダイオキシン・パニック』大論争』がゲラになった際、対談の編集担当者に長山氏の単行本にある表（一五三頁で紹介した『母乳汚染と胎児』の二六九頁）をコピーしてFAXした。有害化学物質の比較方法を理解し、日垣氏の誤り（塩ビ業界誌の受け売りと思われる部分）に気がついてもらいたかったからである。すぐに担当者からお礼のFAXが返ってきたので、こちらの言いたいことは伝わったと思っていた。

ところが翌九九年に出た単行本「買ってはいけないは嘘である」には、「母乳は従来から、ダイオキシン以上に人的被害が大きいDDTやPCBに汚染されてきた」や「ダイオキシンが（中略）殺虫剤や除草剤より危険かつ有害だ、などと堂々と主張できる科学者はおそらくいないだろう」の部分はそのまま収録されていた。「買ってはいけないは嘘である」は嘘でもいい、という方針で出版したのか、月刊誌の編集部から出版担当者に情報が伝わっていなかったのかはよくわからないが、デタラメを修正する作業がなされなかったのは間違いない。

また日垣氏の単行本が出る前、「対談を載せたい」と文藝春秋の出版担当者が言ってきたこともあった。電話を受けた時は了承したが、月刊誌に掲載されたのは対談の一部にすぎないことを思い出して断わった。カットされた部分も含めて載せないと、「猛毒説の虚構」にある間違い部分が正しいものと読者に誤解されてしまうと思ったからである。

ところが私の掲載拒否にクレームをつけてきた日垣氏とのやりとりをしているうちに、「カット部分を入れて掲載しましょう」という話になった。そこで文藝春秋の出版担当者が再び登場し具体的な詰めに入ったが、カット部分の分量を私が見積もって伝える段階で、出版担当者は「四〇〇字詰め原稿用紙で一～二枚でないと無理」と言ってきた。当時の資料を引っぱり出して見積もってみると、どうみても収まりそうにない。それで「この分量では無理」と伝え、話はなかったことになった（なお日垣氏は、私が締め切り直前にキャンセルしてきたと書いた）。

日垣氏も出版担当者も原稿用紙で一～二枚に収まるとみていたようであるが、実際はそんな生やさしい話ではなかった。「猛毒説の虚構」にあるデタラメやデッチ上げなどの問題箇所を並べるだけで、ゆうに四〇〇字詰め原稿用紙で三〇枚をこえた。それが「以下の日垣隆氏のデタラメ・デッチ上げ分リスト」である。

これを「猛毒説の虚構」と一緒に読めば、メディア教育の教材になると思っている。その効果を並べてみた。

(1) 文藝春秋という大手出版社からでもこんなデタラメな記事が出ることがある。
(2) 大手出版社でもチェック能力は著しく低下することがある。
(3) だから出版社の名前だけで内容を鵜呑みにしてはいけない。
(4) とにかく現地に行ったり関係する住民に聞いたり資料にあたり、記事の真偽を自分自身で確かめることが重要だ。

●「ダイオキシン猛毒説の虚構」のデッチ上げ・誤り部分

[問題箇所1] ダイオキシンの母乳汚染

日垣氏の手法は一貫していた。他人の書いたものを恣意的に引用し、本人の考えを歪めて伝える。また誰も言っていないことを言っているかのようにしたり、逆に研究者や住民グループの間では常識になっていることを自分が初めて指摘したかのように書くこともあった。ダイオキシンの母乳汚染に関する部分をみてみよう。

【日垣氏の「猛毒説の虚構」、単行本『買ってはいけない』は嘘である」の一一七頁】

「（摂南大学宮田秀明教授の学術論文は実証的データに誠実であるが、一般書籍やマスコミ取材になるとノストラダムス化してしまうと批判した後）、頻繁にマスコミに登場するようになったごく一部の大学教授が、学会誌や紀要には決して書かないはずの論理と数値操作によって、リスクのある授乳を控えるようにインタヴュアーに向かって何十回も話してしまった」

それでは、実際はどうなのか。マスコミに登場するようになった一部の大学教授は、一般書籍でこう書いていた。

【摂南大学教授・宮田秀明著『ダイオキシンから身を守る法』、二二一頁〜二二二頁】
「たしかに母乳にダイオキシンが多くふくまれているのは事実です。しかし、母乳をあげることにはたくさんの効果があります。ダイオキシンがこわいからといって、〝母乳をあげないほうが赤ちゃんのためにはいいとはいえません。（中略）決して〝母乳をあげてはいけないんだ〟というような、悲観的で極端な考えをもたないでほしいのです」

【九州大学医療短期大学部助教授・長山淳哉著『しのびよるダイオキシン汚染』、一八〇頁】
「私は、子どもに自分のお乳を与え、子どもを育てる哺乳動物であるヒトから、それを奪ってしまえば、もはや、ヒトはヒトでなくなると思います。それは哺乳動物であるヒトとして、最も重要な生命基盤の一つだと考えます。ですから、私は、ほかの食物がいろいろな化学物質で汚染されて、子どもに与えるのは危険だと考えられるようになっても、母乳だけは安心して子どもに与えられるような環境をつくらなければいけないと思います」

【愛媛大学農学部教授・脇本忠明著『ダイオキシンの正体と危ない話』、三四頁】
「まだ免疫力が十分についていない赤ちゃんに、耐容量を大きく上まわるダイオキシンを与えるなんて、考えただけでもおそろしいものがあります。だからといって、『母乳をやめなさい』と結論づけるのは性急すぎます。母乳には、なにものにもかえがたい、すばらしいメリットがあるのですから、これを単純にやめるという結論など、安易にだすべきではないと思います」

「ダイオキシン問題の御三家」と呼ばれた三人の研究者は、誰も「授乳を控えるように」とは主張していないのである。それどころか、三人共、母乳の重要性を指摘している。日垣氏は、人の言っていないことを言ったことにしたり、言ったことを言っていないようにするイカサマ論法を使い、自作自演の批判をしただけなのである。

また肝心な部分なのに「ごく一部の大学教授」「インタヴュアーに話した」と曖昧な言い方をしているのは、いざとなれば「宮田教授だとも脇本教授だとも長山助教授だとも言っていない」「本に書いたことではなくテレビで話したこと」などと言い逃れをしようという魂胆が見え見えである。

［問題箇所2］長山淳哉著『しのびよるダイオキシン汚染』の恣意的引用

【日垣氏の「猛毒説の虚構」、一一三頁】

「長山淳哉助教授さえ、実はこう書いている。

『ベトちゃんドクちゃんのような奇形が、ダイオキシンによって発生するか否かはさておき、ダイオキシンは史上最強の毒物としての地位を確立してしまったのです』（『しのびよるダイオキシン汚染』講談社ブルーバックス）。

否かはさておき？

『ダイオキシン類によって、ベトナムのベトちゃん、ドクちゃんのような奇形が発生するかというと、疑問視する学者が多いようです』（同前）」

【長山淳哉助教授の『しのびよるダイオキシン汚染』、九一頁】

「このように、ベトナムで枯れ葉剤を通して2、3、7、8―ダイオキシンにさらされた人々では、いずれも流産や奇形児の発生が明らかに高くなっています。これらの調査の信頼性に疑問を抱く学者もおりますが、動物実験の結果やヒトを対象とした調査結果などを総合的に評価しますと、やはり、ダイオキシン類は、ヒトでも先天異常を起こす化学物質であると判断してもよいと思います。ただ、ダイオキシン類によって、ベトナムのベトちゃん、ドクちゃんのような奇形が発生するかというと、疑問視する学者が多いようです」

何と日垣氏は、ただし書きの部分を切り取って、紹介していたのである。

この部分は「先天異常の発生率」という小見出しのところで書かれたもので、ここで長山助教授は、枯れ葉剤にさらされた場合とそうでない場合を比べた調査結果を紹介していた。「ベトナム戦争参加兵士の妻を対象とした先天異常発生調査の結果」と「南ベトナムのベンチェ省の枯れ葉剤散布地区で行われた先天異常発生調査の結果」の二つである。

その結果をみると、ベトナム戦争に参加した兵士の妻でも、枯れ葉剤に散布された後の村でも、流産や奇形児の発生率が増えていた。例えば奇形の発生率は、参加兵士の妻はそうでない妻に比べて一五・〇倍、散布された村では散布前に比べ一二・七倍になっていた。この結果を受ける形で、「ダイオキシン類は、ヒトでも先天異常を起こす化学物質であると判断してもよいと思います」と長山助教授は結論づけたのである。

ところが日垣氏はこの部分はカットし、このすぐ後のただし書きから「ただ、」を抜いて、「ダイオキシン類によって、ベトナムのベトちゃん、ドクちゃんのような奇形が発生するかというと、疑問視する学者が多いようです」の部分だけを引用（切り貼り）したのである。この恣意的な引用によって、まるで長山助教授自身がダイオキシンによって先天奇形が発生することを疑問視しているかのような印象を与えたのである。

また重要なのは、仮に「ベトちゃん、ドクちゃんのような奇形」がダイオキシン類の影響ではないとしても、先天奇形全体への影響が否定されるわけではないことである。先天奇形には、二重胎児以外にも「口唇裂」「口蓋裂」「ダウン症候群」「無脳症」「欠指症」をはじめ、一〇〇以上の種類があるからだ。当然、先天異常の発生調査では多種類にわたって調べられている（埼玉県健康福祉部が九七年十二月から九八年一月にかけて実施した先天奇形の調査では一二〇種類）。一〇〇のうち一つだけを取り上げ、まるで鬼の首でもとったかのように書くのはナンセンスとしか言いようがない。

どうも日垣氏の得意技は、引用の基本的ルールを度外視し、他人の文章を恣意的に切り貼りすることのようである。主にハサミとノリと〝色眼鏡〟くらいしか使う必要がなく、経費も手間もあまりかけない効率的な執筆が可能となる。実際、こうした切り貼りは他にも沢山あった。

［問題箇所３］二十年以上前の報告書を年代抜きで紹介

【日垣氏の「猛毒説の虚構」、一一三頁】

「『ベトナムで、多くの奇形児発生や妊婦異常の事実があってもなお、それらがダイオキシンを含む枯葉剤の使用に由来するとは断定しえない』と全米科学アカデミー『南ベトナムにおける枯葉剤の影響』は結論づけている」

【綿貫礼子著『生命系の危機　環境問題を捉えなおす旅』（社会思想社）、一〇二頁〜一〇三頁】
「ベトナムのハノイ大学のトン・タト・ツン博士はイタリアのジャーナリストの質問に答える形で、『ダイオキシンが生体の免疫性減退を原因づけるし、妊娠異常や奇形の発生が認められる』と警告している（中略。アメリカの枯葉剤研究者で農務省主任研究員のケアニイ博士がトン・タト・ツン博士と対立する発言をしているなどと紹介）。ケアニイ博士を中心とした全米科学アカデミー（NAS）の調査委員会によって、一九七四年に出された『南ベトナムにおける除草剤の影響』の報告書でも、『ベトナムで、多くの奇形児発生や妊婦異常の事実があっても、それらがダイオキシンを含む枯葉剤の使用に由来するとは断定しえない』と評価しているのである」

この部分について日垣氏は、『生命系の危機』から引用したとは書いていない。しかしイタリアのセベソに関するところで『生命系の危機』は引用されており、多分、この本を読んでいる時にこの部分も目に止まり、「これは使える」と思ったのだろう。ここで注目すべきは、綿貫氏の本にある「一九七四年に出された」の部分と、対立する発言をしていたトン・タト・ツン博士に関する記述が抜け落ちていることである。

もちろん全米科学アカデミーの報告内容が現在までほとんど変わっていなければ、年号なしでも読者に大きな誤解を与えることはないだろう。実際はどうなのか。中村梧郎著『戦場の枯葉剤』

（岩波書店）の一二〇頁には、こう書かれている。

「九三年七月になって、全米科学アカデミーはひとつの結論を出した。ダイオキシンの人体への影響に関して、六四二〇種の研究論文をチェックし、そのうちから重視すべき二三〇以上の研究を調査特別委員会が調べあげ、枯葉剤がホジキン病や非ホジキン・リンパ腫、軟組織肉腫という三種の癌と、晩発性皮膚ポルフィン症など二種の皮膚障害の発症原因であることを確認する。さらに枯葉剤との関係を否定できないものに、肺癌などの呼吸器癌や前立腺癌、多発性骨髄腫があげられた」

日垣氏が年代抜きで紹介した全米科学アカデミーの報告書（一九七四年）に比べ、十九年後の九三年の報告書では枯葉剤との因果関係がかなり認められていたことがわかる。『戦場の枯葉剤』はこう続けている。「アメリカ政府・復員軍人省は確認された疾病をただちに救済の対象に加え、クロルアクネ（塩素座瘡）を含む九種の疾病にたいして補償を与えることとした」。

また京都民医連中央病院・尾崎望氏も「民医連医療第三一六号、九八年十一月」でこう指摘している。

「ダイオキシンの毒性に関する検討はこの二一〜三年のあいだにも徐々に進んできている。一九九六年三月には全米科学アカデミーが二年ごとの研究成果の総括としてあらたに父親のダイオキシン暴露とこどもの二分脊椎の因果関係について第二番目に高い相関である限定的または示唆的関連性ありと結論づけた。また国際ガン研究機関はダイオキシン（正確にはその中の2、3、7、

8、TCDD）のヒトに対する発がん性について一九九三年にはランク2B、つまり可能性ありと分類し、さらに一九九七年になってランク1、発がん性ありと分類を変更した」。このように今や研究の流れは、日垣氏の主張するように科学的には何も断定されていないという段階ではなく、肯定・否定の中立からダイオキシンの発がん性や遺伝毒性を肯定する方向に進展してきている」

七四年の「全米科学アカデミー」を最新版のように紹介した「猛毒説の虚構」は、一見、目新しい印象を与えるが、実はカビがはえたような陳腐化した代物といえるだろう。

なお九三年七月の全米科学アカデミーの報告書については、「二一世紀への草の根ダイオキシン戦略」（ロイス・マリー・ギブス編著、綿貫礼子監修、K・K・ゼスト）でも詳しく紹介されている。こちらには、七〇年代から最近までの経過がきちんと記されている。

［問題箇所4］尾崎望氏の論文からも恣意的な切り貼り

得意の切り貼りはまだまだある。京都民医連中央病院・尾崎望氏の「ダイオキシンによる人体への被害――文献的考察とベトナム現地調査――」からの引用でも、同じ手法が使われた。

【日垣氏の「猛毒説の虚構」、一一四頁】

「共産党系の病院に勤務する小児科医が、枯葉剤とダイオキシン災害にかかわる世界各国でなされた四十五の研究成果を、すべて徹底検証してその結果――。『疫学調査結果から現時点で否定し得ないのは皮膚のクロルアクネと呼ばれる難治性のにきびのみとも言えるのが実状のようである』（京都民医連中央病院・尾崎望氏／「障害者問題研究」、九七年第四号）」

【京都民医連中央病院の尾崎望氏の原文　文献「ダイオキシンによる人体への被害――文献的考察とベトナム現地調査――」（『障害者問題研究』、九七年第四号）】

「ダイオキシンに直接被曝したひとに有害作用が生じうるか否かという問題について、今日まで多くの動物実験や疫学的研究がなされてきている。八〇年代以降の主な報告を表1（毒性について否定的または疑問ありとする報告）、表2（毒性の可能性を指摘する報告）にまとめた（中略）。報告されている文献は後者（表2）の方が多数のようである。その内容を総括すれば、ダイオキシンとの間に因果関係を推定されている人体被害として、死亡率（個々の死因を問わない全体としてみた）の増加、ガン化率の増加、神経系・呼吸器系・循環器系・免疫系などの各疾患の増加、などがあげられる。特にその中で因果関係が濃厚とされているものとしては、軟部組織肉腫、悪性リンパ腫、甲状腺腫、抹消神経症などである。しかし一方ではこれらについてさえ関係無しとする報告も見られる。疫学調査結果から現時点で否定し得ないのは皮膚のクロルアクネと呼ばれる難治療性のにきびのみとも言えるのが実状のようである。（以下略）」

この文献で尾崎氏は、日垣氏のいうところの「四十五の研究成果」について次のように分類していた。

「1)ダイオキシンの人体への直接毒性
表1　毒性について否定的または疑問ありとする報告　十一件
表2　毒性の可能性を指摘する報告　十六件
表3　ダイオキシンの催奇形性についての報告　十一件
表4　ダイオキシンの遺伝毒性についての報告　七件」

これを受けて尾崎氏は、文献数では「ダイオキシンの人体毒性(直接毒性)について、毒性の可能性を指摘する報告」の方が「否定的または疑問ありとする報告」よりも多数であると指摘した上で、両方の見解を紹介していったのである。人体への毒性の有無を色で表わせば、前者は「クロに近いグレー」、後者は「シロに近いグレー」になるだろう。

ところが日垣氏は、片方の「クロに近いグレー」に関する記述はすべてカット、もう片方の「シロに近いグレー」のところだけを紹介したのである。これにより、まるで尾崎氏が「否定的または疑問あり」という立場のように印象づけているのだ。恣意的引用によって本人の意図を歪めていることは、この後の部分をみても一目瞭然である。

「ダイオキシンによる直接的な人体被害の報告が前述のように矛盾する結果となった原因として一つには疫学調査の規模や設計の問題があげられ、二つ目にはダイオキシン被曝の程度を客観的に示す指標がないことがあげられる。（中略）これまでベトナムでなされた疫学調査について再度批判的に検討を加えなおすこと、そしてさらに規模を拡大して、厳密に計画された疫学調査を行うことが必要であろう」

「（おわりの部分）今回の基礎調査をまとめてみて、ダイオキシンの遺伝毒性の立証という作業が簡単ではないことを痛感した。さらに疫学的調査もまだ明解な結論を出せるまでにいたっていない。しかし長年にわたるベトナムの研究者たちの報告や現地からなされる報道は、帰還兵士の子どもたちの障害の発症を指摘している。たった数ヵ月しか戦闘に加わっていないはずのアメリカ兵の子どもたちにおいてすらも報告されている。この事実を無視するのではなく科学的に確認しなければならないはずである」

〔問題箇所5〕ほら吹き作家？の常套手段

「猛毒説の虚構」で日垣氏は「単行本はもとより学術論文のすべてに目を通すにしたがい」と豪語していた。これを読んだ時に、「どう考えてもウソくさい。日垣氏は単なるほら吹きなのではないか」と正直言って思った。

というのは、例えばダイオキシンの国際学会の予稿集の九八年分だけで軽く一〇〇〇ページをこえるからである。十年分に目を通そうとすれば、一万ページ以上もめくっていく必要がある。もちろんダイオキシンに関する学術論文は、他にもある。先の『戦場の枯葉剤』には、全米科学アカデミーが「六四二〇種の研究論文をチェック」したとあった。そんな膨大な分量の学術論文に、ダイオキシンを追い続けている研究者でもない日垣氏がすべて目を通すはずがない。

ほら吹きだと確信したのは、日垣氏がセベソ関連で紹介した三つの学術論文が、すべて尾崎氏の文献（「ダイオキシンによる人体への被害」）にある「学術論文の要約」から引用したものであったことに気がついた時だ。何のことはない。日垣氏は尾崎氏が集めた学術論文の要約に目を通し、その中から三つほどピックアップしただけなのだ。それを「学術論文のすべてに目を通し」とほらを吹いたのである。

尾崎氏の原文（文献「ダイオキシンによる人体への被害」）と日垣氏の「猛毒説の虚構」（一一一頁）の引用部分を見比べて欲しい。日垣氏が得意の引用をしていることがよくわかるだろう（傍線部が日垣氏がカットした部分）。

・日垣氏の引用（1）「セベソに住む十九歳以下の一万九千六百三十七人を対象に、すべての死亡、事故、入院、癌について十年間にわたる追跡調査の結果、事故直後の皮膚炎以外には何一つ全国平均値との有意差は見られなかった」（Int J Epidemiol,1992 Feb）

・尾崎氏の文献要約（1）「セベソに住む一～十九歳の若年者一万九千六百三十七人の対象につき一九七六～一九八六にかけて検討、全死亡、全事故、全ガンについては有意な増加は認められなかった。（男性におけるリンパ性白血病による死亡は増加していたが、いずれにしても規模・期間が短

すぎる）」（Int J Epidemiol,1992 Feb）

・日垣氏の引用（２）「塩素系毒性物質（これは主にダイオキシンと見てよいだろう）による痤瘡を患ったのは被曝三万人のうち百五十二人である」（Neuroepidemiology,1988.7.）

・尾崎氏の文献要約（２）「セベソの爆発事故でダイオキシンを浴びクロルアクネを生じた一五二人の長期経過では、ＷＨＯの診断基準に合致する抹消神経症は認められなかったが、両側性神経症状または電気生理学的検査の異常を認める者は有意に増加」（Neuroepidemiology,1988.7.）

・日垣氏の引用（３）「事故後五年間に出生した一万五千二百九十一人についても、奇形などの有意差はなかった」（JAMA,1988 Mar）

・尾崎氏の文献要約（３）「セベソの事故後一九七七～一九八二にかけて一万五千二百九十一人の出生あり、最汚染地域では二六人の出生中、大奇形はなし、小奇形二人、低汚染地域・最低汚染地域では小奇形が二九・九～三二・一／一〇〇〇であり、有意な上昇はなし。規模が小さくて有意差がみられない」（JAMA,1988 Mar）

また尾崎氏が要約していたセベソ関係の学術論文で、日垣氏が引用していない文献もあった。

・尾崎氏の文献要約（４）（日垣氏は紹介せず）「セベソ住民の死亡率につき一九七六～一九八六年にかけて、二〇歳から七四歳の三万七〇三三人の対象につき検討、心血管疾患による死亡が増加。

これはストレスも関係している。また胆嚢ガン（女性）、脳腫瘍、リンパまたは血液腫瘍（特に男性の白血病）が増加」（Am J Epidemiol,1989 Jun）

ここでも日垣氏は〝色眼鏡〟をかけて学術論文の要約に目を通し、ダイオキシンの毒性の可能性を指摘する論文や記述をカットする一方、否定的な部分を選りすぐって引用（切り貼り）したのである。

なおこの引用部分については、日垣氏の常套手段が使われていると思って、文藝春秋の出版担当者に送っておいた。「猛毒説の虚構」が単行本「『買ってはいけない』は嘘である」に収められる時のことである。そのせいかどうかは不明だが、「『買ってはいけない』は嘘である」では、若干、表現が変わっていたところがあった。

「（米国取材から帰った）翌日から、国内外の『すべて』のダイオキシン報道と学術論文を、編集部と私は集めることに尽力し、たぶん『すべて』ではなかったかもしれないが、限りなく『すべて』に近い文献を総当たりすることになる」（一四四頁～一四五頁）。

日垣氏は正直に告白した方がいいだろう。「尾崎氏がまとめた学術論文の要約や綿貫氏の本などに当たり、切り貼りすることに尽力した」と。この言い訳めいた部分の次のページには、思わず吹き出してしまった箇所があったので、ついでに紹介しておこう。

「（週刊金曜日の『買ってはいけない』について）東工大助教授の文化人類学者・上田紀行氏は、こう喝破する。

『商品の検証はたいへん結構なことだ。しかし相手を最初から〈巨悪〉と決めつけ、それに立ち向かうためには何をしてもいいという甘えが立場を超えて蔓延しているのは許しがたい。その意識構造は、実はオウムのサリン攻撃にもつながるものだ』（「毎日新聞」九九年八月二十五日）」

吹き出したのは、そっくり日垣氏にあてはまると思ったからである。

「ダイオキシンの毒性の検証はたいへん結構なことだ。しかしダイオキシン猛毒説を最初から〈巨悪〉と決めつけ、それに立ち向かうためにはどんな引用、デッチ上げをしてもいいという甘えがある。その意識構造は、実はオウムのサリン攻撃にもつながるものだ」。

［問題箇所6］愛媛大学教授・立川涼氏の朝日新聞論壇も都合よく切り貼り

愛媛大学教授（当時）・立川涼氏の朝日新聞論壇の引用も恣意的だった。

【日垣氏の「猛毒説の虚構」、一二二頁〜一二三頁】

「かつて、ダイオキシンと焼却場の関係を初めて報じたのは、一九八三年十一月十八日の『朝日新聞』である。『毒性強いダイオキシン　ごみ焼却場から検出　愛媛大分析結果　プラスチック生焼け時に化学反応』（首都圏版では一面トップ、地方面では一面左上）。

それまでダイオキシンの知名度は、現在のトリフェニルスズとかクロルデン並みだった。日本では、すべてはこの日から始まった、といっていい。だが当時、この分析を発表した愛媛大学農学部の立川涼氏（現在は高知大学学長）は、こうも発言していたのである。

『日本におけるダイオキシン・ダイベンゾフランの現状がヒトに差し迫った危機とは考えがたい』（「朝日新聞」八三年十二月九日「論壇」）と。

しかし、ダイオキシン症候群はすでに始動しており、その声はかきけされてしまう」

【立川涼氏の原文　朝日新聞論壇】

「ダイオキシンに対策を　ゴミ残灰処理、自治体は総点検せよ

（前略）日本におけるＤＤ（ダイオキシン）・ＤＦ（ダイベンゾフラン）汚染の現状がヒトに差し迫った危機とは考えがたい。ゴミ焼却施設や残灰の投棄・埋め立て地もまた、ヒトの健康について危機的水準にあるとは、これも考えられない。

しかし、現状のまま放置することは、長期的には問題があり、対策は急を要すると思われる。もちろん、課題はきわめて広く、長期的性格をもつだけに、ＤＤ（ダイオキシン）・ＤＦ（ダイベンゾフラン）対策を含みつつ、それを超えた対応が求められよう」

この論壇の見出しは「ダイオキシンに対策を」である。立川氏は汚染の現状がヒトに差し迫った危機とは考えてはいなかったが、対策は急を要すると思っていたのである。

［問題箇所７］人体実験の勧め

「猛毒説の虚構」には、ダイオキシンの急性毒性だけを問題にする部分がある。「私はダイオキ

シンが危険ではない、といっているのではない。その急性毒性は日常生活で耐えうる範囲内」（一一八頁）というくだりである。要するにダイオキシンのリスクを急性毒性だけで測っているのだ。

そうかと思えば、「架空の急性毒性ばかりが強調され」とか「遺伝毒性や生殖毒性（次世代や生殖機能などに影響を与える毒性）が無視または軽視」（一〇八頁）などと書き、〝急性毒性批判論者〟になったりもしている。まさに二枚舌である。

正しいのは後の方の見解である。「ダイオキシン問題の御三家」（宮田秀明教授・長山淳哉助教授・脇本忠明教授）の本をみても、より専門的な環境庁ダイオキシンリスク評価研究会の『ダイオキシンのリスク評価』をみても、急性毒性だけを問題にしている本は皆無である。「急性毒性は日常生活で耐えうる」といって、急性毒性だけで危険性を判断するのはナンセンスとしか言いようがない。

もう一つ、急性毒性だけを問題にしている部分を紹介しよう。「猛毒説の虚構」の冒頭（一〇〇頁）で日垣氏は、二六〇〇万人分の致死量に相当する二二〇〇グラムのダイオキシンを大田区の清掃工場が排出しているのに、誰も死んでいないと不思議がっていた。いくつもある毒性の中の「急性毒性」（致死量に達して人が死ぬかどうか）に注目したのである。これも「子供電話相談室」レベルの話である。多少、詳しい人に聞けば、すぐに答えてくれる初歩的な質問だからである。

和歌山毒物カレー事件を思い浮かべてみよう。

毒物が入ったあのカレー鍋を、川の中に放り投げていたらどうなったのか。下流で川の水を飲んだ人がいても、十分に薄まっているので犠牲者は一人も出なかったであろう。たとえ環境中に致死量をこえる毒物が放出されても、人間の口に高濃度の状態で入らなければ、死に至らないのである。

ダイオキシンで死者がでないのも同じである。煙突から出た煙中のダイオキシンは、人間が吸う高さに達する前に十分に薄まるので、致死量に至らないだけの話である。だいたい煙突が高いのは、地表に到達するまでに有害化学物質の濃度を十分に低くするためなのだ。これこそが煙突の機能であり、その薄まり具合を「希釈倍率」と呼んでいるのである。

それでは死者を出すにはどうすればいいのか。煙突出口に、タバコのフィルターのような収集装置をつけてダイオキシンをかき集め、それを口に入れればいい。本当にダイオキシン猛毒説は虚構であると思っているのなら、まず日垣氏に人体実験をやってもらいたいものである。

もちろん誰も死んでいないからといって、安心するわけにはいかない。焼却炉から環境中に排出されたダイオキシンは川から海へと移動し、プランクトンから魚、鳥へといった食物連鎖を経た後、人間の口に取り込まれていくからである。死に至るほどの量を一気に摂取することはないが、長期間にわたって少しずつ取り込む形になるため、遺伝毒性や生殖毒性（次世代や生殖機能などに影響を与える毒性）が出る恐れがある。ダイオキシン汚染では、こちらの方がより重要な問題なのである。

［問題箇所8］ラブカナルでも表面的な見方

ラブカナルについての見方も、首を傾げたくなる内容であった。日垣氏はこう書いている。
「現在、ラブカナルの過半は相変わらずゴーストタウンだが、次第に土地が売れ、居住地に変わりつつあった。あのパニックは、いったい何だったのだろう」（一一一頁）

当時、アメリカのワシントンで環境NGOの活動をしていた日本人女性（翻訳もしていた）に聞いてみた。すると、「これは表面的な話にすぎません。こんなことを書けるのは、ラブカナルの不法投棄問題に取り組んできたロイス・マリー・ギブスさんに取材していないためでしょう。彼女はワシントンポストでも紹介された有名な住民運動家で、不法投棄の補償制度として有名な『スーパーファンド法』の母と呼ばれています」と説明してくれた。ラブカナル取材に欠かせないキーパーソンに、日垣氏は当たっていない可能性が高いというわけだ。そしてロイス・マリー・ギブス著『ラブカナル』の関連部分を送ってくれた。

その本の中でギブス氏は、詐欺的な行政の安全宣言を暴露していた。行政側は、「ラブカナルの汚染地区と他の通常地区を比べて大差がなくなったので居住可能の判断を下した」が、ギブス氏が調べてみると、〝クリーン度〟の基準であるべき「通常地区」が途中で変更され、何と汚染されていた地区になったというのだ。汚染地区同士を比べれば、ほとんど差がないのは当たり前である。こうしたデタラメな安全宣言をするのは、日米の行政の共通点のようだ。

ここでお笑い草なのは、「居住地に変わりつつあった」と書いた日垣氏である。ラブカナルの風景を表面的に紹介するだけで、背後にある住民グループと行政の葛藤には全く触れない。この程度の情報すら仕入れてこないのでは、観光旅行に行ったついでに素通りしただけと勘ぐりたくもなる。

また同じくラブカナルの部分で「ダイオキシンだけを『犯人』に仕立てるのは相当に無理があったといわなければならない」（一一二頁）と日垣氏は書いているが、これもデッチ上げにあたる。先の日本人女性に同封してもらったラブカナルの住民グループの文書（「Everyone's Backyard」Vol.16,No.1）の五頁をみると、「ダイオキシンを含む化学物質」（Chemicals,including dioxin）という言い方をしている。いったい誰が、ダイオキシンだけを「犯人」に仕立てたというのだろうか。なお有吉佐和子氏が『複合汚染』を書いたのは一九七五年のことだが、一つの化学物質だけが問題ではなく多種多様な化学物質が複合的に関係していることは、すでに常識に属する話である。日垣氏は消え去って久しい〝単独汚染〟を自分の頭の中に甦らせ、その亡霊のごとき説にかみついているだけなのだ。類まれなる想像力の持ち主であるのは間違いないようである。似たような主張は他にもあった。

「実は宮田教授（農学博士）もよくご存じのとおり、これらはすべて何一つとしてダイオキシンとの因果は検証されていない。常識的に推測できることは、少子化現象や不妊の増加や知能低下といった問題は、一つだけの原因によって起きているのではない、ということぐらいである」

（「猛毒説の虚構」の一一六頁）。

これも「当たり前のことを言うな」で終わる話である。

［問題箇所9］米軍厚木基地問題も解決か？

日垣氏はアメリカ事情通のような顔をして、こう書いていた（一一四頁）。

「ドキュメント（CBSの「枯葉剤　退役軍人を襲った死の霧」、七八年三月三日）が放映された直後から、全米各地の退役軍人事務所はパニックに陥り、なにもかもが枯葉剤のダイオキシンのせいにされていった。

不運なことに、同じ年の八月、ニューヨーク州ラブカナルで例の騒動が起きた。いやがうえにも『ダイオキシン』への敵愾心があおりたてられていったのである。

米国では、すでに八〇年代に報道が暴走してダイオキシンへの『有罪判決』を書きたて、さすがに九〇年代に入ってから、ようやく静かにその極端さを恥じ始めている。私たちが米国から教訓化すべきは、信用すべき知識に裏打ちされた冷静さを取り戻すことであるだろう。ダイオキシンによる被害よりも、ダイオキシン症候群による実害の方が、それこそ『一万倍』も大きいのだから」

これも中西準子教授の発言と重なり合うものがある。冷静さを取り戻せば、ダイオキシンの有害性は消え去り、問題はほとんど解決してしまうようなのだ。これが本当なら、これほど楽なことはない。是非、日垣氏には米軍厚木基地に行って、こんな主張をぶつけてもらいたいものだ。

「私の記事や単行本を読んで下さい。そして米国本土のように冷静さを取り戻して下さい。ダイオキシン症候群による実害の方が『一万倍』も大きいのですから、冷静にさえなれば、ダイオキシンによる被害など一万分の一になります。安心して下さい」

なお隣の産廃施設から出る煙が直撃する米軍厚木基地は、ダイオキシン対策を日本政府に執拗に求めて一二億円の施設改修費を出させ、その後も日米合同調査をしている。

[問題箇所10]「大型高温化」の否定だけでは不十分

【日垣氏の「猛毒説の虚構」】

「大型高温化（小見出し）

厚生省は九七年一月、一般廃棄物にかかわる小型中型焼却炉にかえて（産業廃棄物は相変わらず無法状態のまま）、大型焼却炉にだけ巨額の補助金を出すことを決め、通産省と大手鉄鋼メーカーを喜ばせた（中略）。物質工学工業技術研究所（通産省）の元主任研究員で、『「お役所」からダイオキシン』（彩流社）の著者である上田壽氏は、こう分析する。『（前略）とにかく大型炉にして高温焼却してしまえば、鉄鋼業界も喜ぶし学者への面目もたち官僚としての自分の責任も免れることができる、というおかしな結論がまかりとおってしまうのです』」

厚生省が進める「大型高温化」については、既に住民グループらが批判していた。ここでも住民グループらの間では常識となっていることを、日垣氏は繰り返したのである。しかも否定するだけなので、現状放置でいいとも読めてしまう。例えば所沢周辺の産廃焼却炉はダイオキシンが発生しやすい「小型低温」になっているが、これを放置していいはずがない。

要するに高温（八〇〇度以上）でダイオキシンの発生が抑制されるのは（ただし酸素が十分に供給されている場合）、よく知られた話なのであり、例えば九八年七月二十四日に仙台地裁が産廃施設の焼却炉（宮城県河北町）の操業停止を命じたのは「高温」に達していないことが一因だった。ところが一二〇〇度（プラントメーカーお勧めの次世代型溶融炉）まで温度を上げてしまうと、さまざまな重金属が飛ぶデメリットが大きくなる。その間の八五〇度前後が適切と考えられるのである。

問題は、「既設炉の改修による高温化」でも十分対策になりうるのに、厚生省が「大型高温化」に固執していることなのである。

なお「猛毒説の虚構」の後半部分について、「幾多の廃棄物処理現場を日本で最も継続的に観察してきた研究者」と紹介された関口鉄夫氏（信州大学教育学部）はこう語る。

「訪ねてきた日垣氏にいろいろ説明しましたが、データを無断で引用されてしまいました。それでクレームをつけたら日垣氏はＦＡＸと葉書で反論してきたので、『直接、話をつけよう』と伝えたら音沙汰なしになってしまいました。あまりに無断引用が多いので『日垣隆くんの悲劇』という一文を書こうと思ったくらいです（笑い）」

問題箇所は他にもあるが、もうこれくらいで十分だろう。要するに「猛毒説の虚構」は、世間に広まった猛毒説を否定することを至上命題にし、その結論を導くためにデッチ上げや恣意的な引用を駆使した代物なのである。

終章　調査報道の〝死〟と亡霊たちの復活の中で

所沢の野菜騒動は、日本のダイオキシン報道にとって大きな転換点となったようだ。この騒動を境に、ダイオキシン汚染の実態（農産物への影響を含む）を明らかにしようとする調査報道は影を潜めていった。徹底的に叩かれたテレビ朝日は担当記者に所沢取材禁止令を発し、叩いた側の日本テレビも行政の安全宣言を受け売りして事足りた。すると、大新聞には二枚舌の横浜国立大学中西準子教授が登場、焼却施設周辺の葉菜の危険性には触れずに行政の安全宣言を後押しした。それぞれの対応は違ったが、焼却炉周辺の野菜の調査報道をしなかったことでは同じだった。

別に所沢周辺の焼却炉が操業停止をしたわけではなかった。煙突から吐き出される煙が農産物を汚染し続けている状況にも変わりはなかった。何のことはない。調査報道を放り投げて政府広報機関と化したマスコミが、信憑性に乏しい行政の安全宣言をタレ流し、ダイオキシン汚染のリスクを闇の中に押しやっただけの話である。

ともあれ目の前には、ダイオキシン汚染は大したことはない、という仮想的な空間が現われた。そこでは、行政の安全宣言が大手を振って歩き、リスク論の専門家という中西教授が「冷静に議論すれば、ダイオキシン汚染の不安はなくなる。専門家の意見に耳を傾けなさい」と唱え始めた。そうかと思えば、中西教授の称賛を受けた作家の日垣隆氏が「ダイオキシンで死んだ人はいない」をお題目とする〝反猛毒説〟を広げる活動に、ますます励むようにもなった。過去の公害問題でしばしば登場する役者たちが勢揃いした観があった。

安全宣言で問題を沈静化させようとする行政
安全宣言にお墨付きを与える御用学者
安全宣言を補強する御用ライター

おぞましい光景が目に浮かんで来ないだろうか。調査報道を止めたマスコミの〝墓標〟が立ち並ぶ脇で、墓場から息を吹き返した亡霊のような人たちが元気に踊り回っている。後半で彼らの言動をやや詳しく紹介したのは、この手の問題が起きるたび似たような輩が登場し、古典的な手品師まがいのテクニックを駆使しながら、同じような役回りをしていくだろうと思ったためである。

あの野菜騒動から一年半以上が経った。だが、マスコミが所沢周辺で新たな調査報道をした話は聞いていない。再開させるという動きも耳に入っていない。いまだに本業の活動を停止したまま、復活の兆しはないということだろう。しかしその一方で、汚染の現実を目の当たりにする住民たちは、焼却施設周辺の独自調査を続けていた。

二〇〇〇年十月四日、「さいたま西部・公害調停をすすめる会」のメンバーが衆議院第二議員会館を訪れた。「高濃度ダイオキシン汚染に関する緊急要望書」を、厚生省と環境庁の担当者に手渡そうとしたのだ。昼過ぎ、六階の面談室のテーブルに住民グループと両省庁の担当者が向かい合った。そして両者の間に入った民主党佐藤謙一郎代議士（民主党ネクストキャビネットの環境農水大臣）が同席する中、所沢在住のYさんが要望書を読み上げ始めた。

「産廃施設密集地の『くぬぎ山』の産廃業者の敷地脇から、汚染物質と思われるものが流出し堆積していることを発見。周辺には植物が生えない異様な状況であるため、地権者にも許可を取って、二〇〇〇年八月、敷地から数メートルの地点の土壌を測定したところ、土壌の環境基準である一〇〇〇ピコグラムを大幅に超える五一〇〇ピコグラムのダイオキシンが検出された」

安全宣言に彩られた仮想空間とはかけ離れた、ダイオキシン汚染の実態が語られていく。測定費用も自分たちで集め、現地に足を運んで地主との話もつけた住民運動の成果だった。独自の調査結果を元に住民グループは、いくつかの指摘をしていった。

(1)　産廃処理施設は、煙突が低く施設管理が不十分で操業が劣悪なものが多く、施設周辺では局地的な高濃度汚染の可能性が高い。よりきめ細かな汚染調査が必要。

(2)　この施設のダイオキシン測定値がいずれも基準値をクリアしており、問題のない施設と評価されてきた。そのため、年一回の業者の自主測定を含む現在の規制では、高濃度の汚染を見逃してしまう。

(3)　野菜騒動については、所沢市周辺の農産物の広域的な汚染の問題として扱われてしまい、行政の安全宣言によって収束してしまった。もっとも警戒すべき施設周辺の狭い地域での高濃度汚染問題が見過ごされたまま、野菜騒動では安全ではない可能性があるものまで安全宣言がされ、安全なものまでが危険視されたことが問題。

(4) 周辺住民や農家への救済措置、補償制度を設けて欲しい。このままだと、ダイオキシン汚染を隠そうとする方向に進んでしまう恐れがある。

まさに野菜騒動が置き去りにした課題がリストアップされた観がある。測定値の信憑性のなさ、局所的に存在する高濃度汚染地区の問題、そして農産物への補償制度整備の必要性などである。全国各地のダイオキシン汚染の現場を訪れている佐藤謙一郎代議士は、住民グループの報告を受けた後、両省庁の担当者に向かってこう語った。

「たしかに救済制度、補償制度を設けておかないと、汚染を表に出さない方が得策ということになってしまう。(高濃度のダイオキシン汚染が見つかった)和歌山県橋本市でも、経済的損失を恐れた農家がダイオキシン汚染の公表に反対、新住民とぶつかったが、その後、新住民との話し合いで農家は汚染実態の公開に同意、お互いの信頼関係をかえって強めたことがあった。救済制度、補償制度の整備は国会議員が取り組むべき課題だと思う。今後、国会で取り上げていきたい」

一年半以上止まっていた〝時計〟が、あるべき方向(徹底調査・補償制度の整備・発生源対策)

に少し進み出した瞬間であった。実は、これこそ九九年二月一日のニュースステーションが指し示した道筋に違いなかった。

たとえ「誤報」「杜撰」「ヤラセと紙一重」などと叩かれ、そして一億九〇〇〇万円の損害賠償請求の原因にもなった特集番組であっても、もう一度、スポットライトをあててみたいと私が思ったのは、テレビ朝日の制作担当者が思い描いたであろう到達点（ゴール）と野菜騒動後の動きが大きくかけ離れていたためだ。この大きなギャップを少しでも埋めたいという思いが、当時の番組ビデオや「テレビ朝日対日本テレビ」の激論を一字一句活字にしていく原動力になった気がする。

もし調査報道機関の〝墓標〟が立ち並ぶ中に、志半ばで倒れたテレビ朝日報道局の名前も刻まれているなら、私は、ほんの少し動き始めた現実を報告したいと思っている。

あとがき

本書は、問題のニューステーションが放送された九九年二月一日前後に書いたリポートを再編集した上で、加筆したものである。初出は次の通り。
「環境ホルモン『空騒ぎ説』の危うさ」（九九年一月二十二日付『週刊金曜日』）
「ダイオキシン汚染の元凶」（九九年三月十二日付『週刊金曜日』）
「食卓の安全性そっちのけの自民党『テレビ朝日たたき』」（九九年四月二十三日付『週刊金曜日』）
「行政が測定するとなぜ濃度が低いのか」（九九年七月十六日付『週刊金曜日』）
最後に、お話を聞かせていただいた関係者の方々、「報道フォーラム99」の激論の紹介を了承していただいた立教大学の服部孝章教授並びに民放連の方、記事の引用を了承していただいた『週刊金曜日』編集部の方々にお礼を申し上げます。

二〇〇一年一月

著　者

[著者略歴]

横田　一（よこた　はじめ）

1957年山口県生まれ。東京工業大学卒。雑誌の編集を手伝いながら、環境問題などを取材。1988年、奄美大島宇検村の入植グループを右翼が襲った事件を描いた「漂流者たちの楽園」で、90年ノンフィクション朝日ジャーナル大賞受賞。現在のテーマは、小選挙区制の見直し、公共事業の削減、テレビ報道である。

主なリポートや著書に、「政治改革の仮面を剝ぐ」（月刊『金曜日』93年10月）、「小沢王国・岩手を歩く」（『世界』94年2月）「農水省構造改善局の研究」（『世界』2000年6月）、「埼玉ゼネコン県政の病巣を抉る」（週刊『金曜日』97年1月）、『政治が歪める公共事業』（共著）、『どうする旧国鉄債務』、『ダイオキシン汚染地帯』（以上、緑風出版）、『テレビと政治』（すずさわ書店）などがある。

E-mail：hyokota@alles.or.jp

所沢ダイオキシン報道（ところざわダイオキシンほうどう）

2001年2月10日　初版第1刷発行　　定価1800円＋税

著　者　横田　一 ©
発行者　高須次郎
発行所　緑風出版
〒113-0033　東京都文京区本郷2-17-5　ツイン壱岐坂
［電話］03-3812-9420　［FAX］03-3812-7262
［E-mail］info@ryokufu.com
［郵便振替］00100-9-30776
［URL］http://www.ryokufu.com/

装　幀　堀内朝彦
写　植　R 企 画
印　刷　長野印刷商工／巣鴨美術印刷
製　本　トキワ製本所
用　紙　山市紙商事　　E1500

ISBN4-8461-0015-4　C0036　

◎緑風出版の本

▨全国どの書店でもご購入いただけます。
▨店頭にない場合は、なるべく最寄りの書店を通じてご注文下さい。
▨表示価格には消費税が転嫁されます。

ダイオキシン汚染地帯
——所沢からの報告

横田　一著

四六判並製
二〇四頁
１６００円

全国一の汚染地帯となった東京のベッドタウン所沢市一帯。産廃業者のゴミ焼却が住民を襲い、流産・奇形児出産の多発、アトピー、喘息、ガン死の増加等、放置できない状態にある。本書は、所沢のダイオキシン汚染をルポし対策を提言。

検証・ダイオキシン汚染

川名英之著

四六判並製
四〇八頁
２５００円

日本の大気中に含まれるダイオキシン濃度は世界一高い。この恐ろしい猛毒物質の放出を野放しにしてきた行政の責任は重い。本書は、ベトナム枯葉作戦から今日までの汚染問題の現状と対策を平易に分析し、緊急対策を提言する。

どう創る循環型社会
——ドイツの経験に学ぶ

川名英之著

四六判並製
二八〇頁
２０００円

行政の無策によって日本のゴミ問題は深刻化し、ダイオキシン汚染が世界最悪の事態になっている。一方、「循環経済・廃棄物法」を制定したドイツは廃棄物政策先進国として注目を集めている。循環型社会を日本でどう創るかを考える書。

検証・ガス化溶融炉
——ダイオキシン対策の切札か

津川　敬著

四六判並製
二二四頁
１９００円

世界がダイオキシン対策として、ごみ焼却施設の廃止へと向かうなかで、日本は大型ごみ焼却炉の大量建設、24時間連続焼却という政策を打ち出した。その切り札として脚光を浴びはじめたガス化溶融炉の問題点を洗い、ごみ政策を問う。